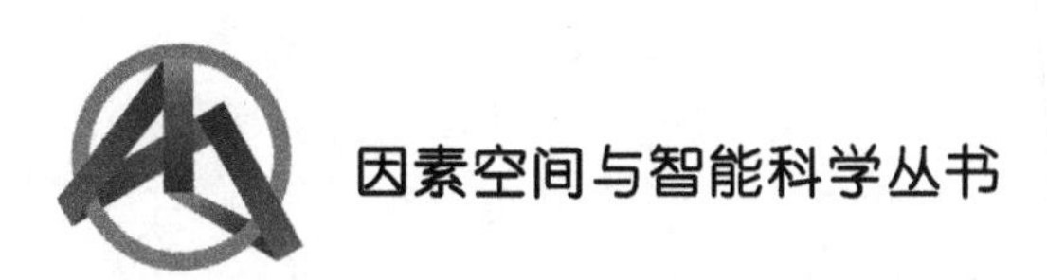

因素空间与犹豫直觉模糊偏好信息决策

曲国华　著

北京邮电大学出版社
www.buptpress.com

图书在版编目（CIP）数据

因素空间与犹豫直觉模糊偏好信息决策 / 曲国华著. -- 北京 ：北京邮电大学出版社，2023.6（2023.8 重印）

ISBN 978-7-5635-6933-5

Ⅰ.①因… Ⅱ.①曲… Ⅲ.①决策支持系统—研究 Ⅳ.①TP399

中国国家版本馆 CIP 数据核字(2023)第 106159 号

策划编辑：刘纳新　姚顺　**责任编辑**：姚顺　谢亚茹　**责任编辑**：张会良　**封面设计**：七星博纳

出版发行：北京邮电大学出版社
社　　址：北京市海淀区西土城路 10 号
邮政编码：100876
发 行 部：电话：010-62282185　传真：010-62283578
E-mail：publish@bupt.edu.cn
经　　销：各地新华书店
印　　刷：北京虎彩文化传播有限公司
开　　本：720 mm×1 000 mm　1/16
印　　张：8.5
字　　数：142 千字
版　　次：2023 年 6 月第 1 版
印　　次：2023 年 8 月第 2 次印刷

ISBN 978-7-5635-6933-5　　定价：38.00 元

序　言

因素空间是思维与决策的数学基础理论；直觉模糊集和犹豫直觉模糊集等理论对决策过程所面对的偏好信息处理提出了崭新的方法论，具有重大的应用价值和理论意义。这两方面应当而且可以结合起来，互相促进，本书就是实现二者结合的一本著作。

本书作者曲国华教授是因素空间研究队伍中的一位年轻"旗手"，从事经济管理中不确定多因素决策理论与对策论方法的研究；他在直觉模糊集、区间直觉模糊集、犹豫模糊集、对偶犹豫模糊集的决策偏好信息处理方面也有较好的研究成果。他把博弈论中的 Shapley 信任测度和 Chqouet 积分用于直觉模糊集的相似性刻画，进行了广义 Shapley Choqouet 理论研究；他将前景理论和群体满意度引入经济管理的决策评价中，取得成果，先后获得 2019 年度和 2020 年度山西省社会科学优秀成果"百部篇"工程一等奖。本书是他对因素空间和犹豫直觉模糊集偏好信息处理两方面理论与方法的概述和推进，其中对于两方面的结合也作了初步的介绍和推进，值得读者阅读。

再次感谢北京邮电大学出版社为出版"因素空间与智能科学丛书"所作出的贡献和付出的辛劳。

汪培庄
2022 年 8 月

前　言

随着数字化的不断发展,决策理论与时俱进,决策的全面性不断扩大,有效性不断提升,其中,模糊集合理论与因素空间理论被广泛应用于复杂的决策环境之中。

对偶犹豫模糊集是一种特殊的模糊集,它包括隶属度和非隶属度两个部分,可以避免决策者的主观因素对决策结果的影响,在决策过程中更贴合决策者实际面临的情况,使决策结果更具合理性。决策者的主观影响主要体现为:在多因素决策中,决策者对决策评价过程的犹豫以及对方案和评价过程的偏好不一致。因此,只有将对偶犹豫模糊集这一模糊集理论与多种理论进行创新性结合才能应对复杂多变的决策环境。因素空间理论是模糊数学的提升,只有因素空间才能从因素这个本源上将各种数学方法统一起来,提升为一种有主动进攻能力的利器,从而实现各行各业的智能孵化,为数字化运动冲锋陷阵。因素空间理论作为信息、智能和数据等学科的共同基础,对于决策理论的创新与发展有着重要的指导意义。正是由于二者的内在联系以及相互促进,因素空间理论与模糊理论的结合能够更好地应对多因素决策问题。

本书从因素空间理论出发,阐述了因素空间的概念以及决策理论,通过对偶犹豫模糊相关理论与因素空间的结合,详细介绍了基于决策者偏好视角的对偶犹豫模糊多因素决策理论、考虑可信度和方案偏好的区间值对偶犹豫模糊前置仓选址决策方法和基于后悔理论和群体满意度的对偶犹豫模糊 PPP 项目风险随机多因素群决策方法。同时,本书从实际决策问题入手,运用上述方法进行了最优化决策,验证了方法的有效性。

本书为教育部哲学社会科学研究后期资助项目(18JHQ086)的成果。

目 录

第1章 绪　言

在数字化的浪潮席卷全球的时代，有两个看起来不相干的热点领域日益显示出内在的深刻联系，促使笔者在本书中把它们连在一起。一个是直觉模糊集和犹豫直觉模糊集等理论对决策评估过程所面对的偏好信息处理，一个是因素空间的智能孵化理论。前者是非物理的评分，是人为的主观评估，是数字化过程中不可逾越的环节，它本身就是一种数字化，是通过专家打分的数字化，即评估的数字化，而不是用直尺和天平来获得数字的。其中所涉及的新问题有一定的难度，但在评价驱动行为中的影响又特别重大，这种数字化的评估主宰着系统的发展生态。所以，有很多学者正在这一领域奋勇拼搏。后者是因素空间的智能孵化。数字化的核心是智能化。智能化的算法离不开数学，智能化的数学方法涉及数学的各个分支，但是，这些数学分支都不是为人工智能开设的，它们不是主动而是被动、不是直觉而是自发地为人工智能服务的，互相顶撞，磕磕碰碰。只有因素空间才能从因素这个本源上将各种数学方法统一起来，并发展为一种有主动进攻能力的利器，从而实现各行各业的智能孵化，为数字化运动冲锋陷阵。这两方面都是数字化的重要数学工具，而且彼此有着深刻的内在联系。决策评估是因素空间理论的一个重要方面，对偶犹豫模糊集(Dual Hesitant Fuzzy Set, DHFS)是一种特殊的模糊集，因素空间就是模糊集理论的提升。正是二者的互相促进，使得因素空间理论与模糊理论的结合能够更好地应对多因素决策问题。

因素空间是模糊数学的提升。早在模糊数学的开创时期，汪培庄教授就提出了综合评判的数学模型，这一模型在国内被数以千计的文献引用。李洪兴教授发展了因素决策评价理论，提出了基于概念的决策模式。尽管现有的决策评价理论也具有概念模式，但却没有涉及概念的内涵。李洪兴教授专门研究决策概念 α 的内涵。决策的选择过程离不开选择的指标或判据，每个指标或判据都是一个因素，这些因素所张成的相空间就是判据空间。概念的内涵就是对诸判据因素取相的一种界定。因而，概念 α 的内涵可以通过它在判据空间中的一个清晰集或模糊集 B 表现出来，叫作 α 的表现外延。概念 α 在 U 上还有一个清晰集或模糊集 A，叫作 α 的反馈外延。一个内涵对应的两个外延可以通过因素的映射和逆射相互形成内外包络，提供一个可粗可细的逼近框架，把 α 表现到极致。在此基础上，李洪兴提出了可加性标准多因素评价综合函数 ASM 和基于反馈外延的决策（DFE 算法），这对其他决策理论都具有重大的参考价值；尤其是变权综合和相应的微分方程理论更是举足轻重。其中，变权是人脑决策的辩证反映，人脑在环境变迁下会改变自己考虑问题角度的权重，导致决策空间中的权重向量发生变化，形成一定的势场，由此可建立评价决策的动态方程。因此，把握临界点来进行调控才是科学有效的评价体系。

在多因素决策中，即便面临同一决策问题，由于决策者的主观偏好不同，也可能得到不同的决策结果。因此需要多方面经验的专家一起配合协调决策，将决策结果进行汇总并根据现场情况进行优化，实现群体结果的合理性和有效性，多因素群决策就是与多个因素、多个决策者有关的有限方案选择问题，群决策的一个理想目标是能够在群体达成共识的前提下选择决策方案，即探寻、度量群体成员意见共识水平和共识达成过程的理论与方法[1,2]。决策者偏好的实质是潜藏在决策者内心的一种主观倾向和情感反应，它是非直观的，且具有普遍性和规律性。针对决策主体对备选方案及评价过程存在偏好的问题，无论是在古典决策理论指导的完全理性视阈下，还是在现代决策理论指导的有限理性视阈下，无论是个体决策还是群体决策，这一问题都不容回避。因此，从决策者偏好的角度出发研究多因素决策问题就显得格外有必要。

实际决策问题中存在着大量的犹豫模糊信息，这类模糊信息与标准的数值尺度不同，它在决策过程中能够更好地反映决策信息，贴合实际情况，使决策结果趋于一致。西班牙学者 Torra 和日本学者 Narukawa 提出犹豫模糊集的概念，其隶属度可以用几个可能的值构成的集合来表示。在此基础上，朱斌等人提出了对偶犹豫模糊集的概念。对偶犹豫模糊集不仅考虑了元素隶属度的问题及各指标因素值可以取多个指标的问题，也考虑了元素非隶属度的问题，更贴近决策者所面临的实际情况。对偶犹豫模糊理论是决策理论体系中的一个重要研究内容。在决策评价的复杂程度不断提升的趋势下，决策者在应对决策问题时所面临的不确定性因素也逐渐凸显。在决策过程中，决策者受主观因素的影响就可能导致决策结果缺乏全面性和科学性，这类主观不确定因素体现在两个方面：一方面是决策者知识有限、评价时间短缺以及对备选方案的了解不够深入等原因导致的对评价结果的犹豫性；另一方面是不同的决策主体对于备选方案及评价过程存在着不同的偏好，即偏好的不一致性，这种不一致的偏好往往会引导决策者即使面对同一决策问题也可能会得到不同的决策结论。有效决策需要利用科学全面的方法应对不确定因素从而提升决策结果的准确性与科学性，因此，将对偶犹豫模糊理论与决策者偏好理论相结合以应对复杂环境是一条创新路径。同时，对偶犹豫模糊理论与决策者偏好理论也具有内在联系，二者都在一定程度上体现了决策主体所受到的主观影响，决策主体因为偏好的不一致而在多个属性值间产生犹豫的现象广泛存在于多因素决策中，具有一定的普遍性。决策者偏好理论与对偶犹豫模糊理论的内在关联，使得建立对偶犹豫模糊偏好信息多因素决策理论具有可行性。

本书将以基于决策者偏好视角的（区间值）对偶犹豫模糊多因素决策方法为主线。一方面，在多因素决策领域引入（区间值）对偶犹豫模糊数，将因素空间理论与对偶犹豫模糊理论结合起来，应用其更好地测度、评价多因素决策因素值的不确定性；另一方面，基于决策者偏好的研究角度，根据主体偏好的不确定性程度，参照决策问题的分类标准，将多因素决策中的决策者偏好系统地划分为确定型偏好、风险型偏好和不确定型偏好，并以此为基点展开对典型（区间值）对偶犹豫模糊多因素方法的设计和阐述。本书目的在于进一步丰富和完善不确定条件下的多因素决策理论和方法，进而降低决策风险，提高决策质量，更好地契合决策者的偏好，从而得到更加全面、合理和准确的决策结果。

第 2 章　因素空间的内容、意义与方法

2.1　什么是因素

2.1.1　因素的十大特征

1. 因素是因果分析的要素

宇宙万物的运转都离不开因果，纷乱现象背后都隐藏着因果。因素是因果分析的要素，它不是物质的实体而是人脑的一种正确抽象，它属于认识论的范畴，但又离不开物质。

2. 因素是信息的提取器

因素在数学上被定义成一种映射。

定义 2.1[3]　一个因素是一个映射 $f:D \to I(f)$，这里，D 叫作因素 f 的定义域或论域，$I(f)$叫作 f 的信息域或相域。定义域中的对象是客体，相域中的相可以是事物的属性值，也可以是事物的效用值。相域 $I(f)$也可以写成 $X(f)$。

因素 f 必须对其定义域中所有对象 d 都有意义。例如，"身高"这个因素只对有身高之物才有意义，对《贝多芬第九交响曲》就没有意义。定义域是对因素的一种制约。

因素把事物变为该事物在某一方面的信息，如状态、属性、效用、意向等，没有

因素，便无法提取信息。所以，因素是信息的提取器。

3. 因素是广义的变量

汪培庄教授强调：因素不是原因，而是找出原因的根据。“雨量充沛”是丰收的原因，“降雨量”才是因素。二者的区别在于，降雨量是可以变化的，而“充沛”只是它的一个相。降雨量可以有“充沛”“稀缺”和“干旱”等不同的相。因素只有在变化中才能显示它对事物的影响，降雨量的变化可以带来丰收，也可以带来饥荒，这才显示出它对农作物收成的重要性。只有先找到降雨量这个因素，才能断定“雨量充沛”是丰收的原因。因果分析的核心思想是：不要在属性层次上去找原因，而要先找到最有影响力的因素。从找原因到找因素，是人脑的一种升华。

从定数到变量曾是数学史上的一次飞跃，因素又把变量进一步扩大成任意的变项。在一定的前提下，定性的相域可以嵌入欧氏空间的定量相域，转化为普通的变量。当 $I(f)$ 变成了全序或者偏序集合时，定性相域就可以嵌入一个实空间或多维超矩形里。这个实空间可以选择为 $[0,1]$ 或者 $[0,1]^n$，这时，所有相都是对目标的某种满足度。而满足度又可化为某种逻辑真值。

嵌入实空间里的相域是离散的，可取二值相域 $I(f)=\{0,1\}$、三值相域 $I(f)=\{1,2,3\}$ 或 $\{-1,0,+1\}$。离散值相域叫作格子架或托架。

因素有几种特殊的叫法：

① 两极叫法，如“美丑”；

② 后面加问号，如“美丽？”；

③ 前面加“有无”或“是否”，如“是否美丽”；

④ 后面加“性”字，如“美丽性”。

因素具有如此丰富的数学内涵，作为这一数学元词所构建的数学理论，因素空间理论便应运而生。

4. 因素是广义的基因

汪培庄教授强调：一个因素统帅着一串属性值，如“颜色”这一因素统帅着“红”、“橙”、…、“紫”等一串属性。属性是质表，因素是质根；属性是对事物的被动描述，因素则主动引领思维。因素统帅属性，它是比属性更深层次的东西，具有更高的视角。离开了因素，属性就像断线的珍珠撒落遍地。人脑是高效率的信息处理器，人的感觉神经细胞是按因素分区、分片、分层来组织的。孟德尔深感生物属性的繁杂，于是提出了基因的概念。基因是属性之根，每个基因统帅一串生物属性，基因最早的名字是 Factor，就是因素，后来才狭义化为 Gene，所以，因素就是广义的基因，基因打开了生命科学的大门，因素将打开信息和智能科学的大门。

5. 因素是信息科学与智能科学的基元

信息是物质存在的一种形式，是物质在人脑中的反映，这种反映不是镜像的。正如庐山"横看成岭侧成峰"，同一事物会映射出不同的信息，乃因提取信息的视角不同，这视角就是因素。因素是从物质变信息的分叉点，是物质科学与信息科学的离合点；是否以因素为研究的基元，是信息科学和物质科学的分水岭。

6. 因素是智能网络时代的数学元词

每次重大的科技革命都要伴随着一门新数学的诞生，微积分是工业革命时代的数学符号。信息革命比工业革命更加伟大，它的数学符号是什么？

智能科学需要进行范式革命。作为工具的数学也要经历相应的蜕变。范式革命对数学中的呼唤就是要提出新的数学元词。

7. 因素是概念的划分和编码器

因素最重要的作用就在于它是描写概念内涵的唯一神器。自然语言理解的关键在于挖掘文字的内涵，两字是同义还是反义就看内涵是相同的还是相反的。国际语言是否标准就看它是否有准确的内涵。在因素空间产生以前，语言学家已经有因素的思维，他们试图用类似于因素的词素对概念进行编码，但说不清道不明，大多半途而废。"因素编码"就是用因素对概念进行编码。一般，编码是非概念性的，编码与概念语义无关；因素编码却能直接写出概念的内涵。其开发价值极为重大，它将是突破自然语言理解的关键。

概念的内涵必须用因素来表示，因素描述概念就是一种编码。

定义 2.2[3]　若概念 α 需要用一组因素 $f^1,\cdots,f^k$ 来描述其内涵，则将这组因素称为 α 的编码因素，简称码字。将内涵描述记为

$$\#\alpha=f^1_{(1)}\cdots f^k_{(n)} \tag{2-1}$$

叫作概念 α 的相对因素编码。其中的足码(n)表示 α 对 f^i 的相值，叫作码值。

例 2.1[3]　设 α="雪"，其内涵是"颜色是白的且由雨变成"。设因素 f_1="颜色"具有相域 $I(f_1)=\{$黄，白，黑$\}=\{1,2,3\}$；设因素 f_2="物源"具有相域$I(f_2)=\{$纸张，塑料，雨水$\}=\{1,2,3\}$，则有

$$\#\alpha=(f_1(e)=u_1)\wedge(f_2(e)=u_2)=f^1_{(1)}f^2_{(2)}=f^1_2f^2_3$$

雪的因素编码就是 $f^1_2f^2_3$，这里，颜色是第一个码字，f^1 是其码符，码值是$(1)=2$；物

源是第二个码字，f^2 是其码符，码值是(2)=3。

例毕

定义 2.2 被称为相对编码，这是因为它以上位概念为起点。而绝对编码要从宇宙开始。

因素编码的逻辑特征：若概念甲的因素编码是乙的一部分，则概念乙蕴涵甲。

因素编码是为概念服务的，概念复杂多样，编码就显得极为困难，但答案很简单：只需对上、下位概念进行编码，所有概念的编码便可根据下面的编码原理全盘托出。

因素编码原理[3]　设 $f_1\cdots f_m$ 是下位概念 α_i 的内涵描述因素，则 α_i 的因素编码 $\#\alpha_i$ 等于上位概念 α 的因素编码 $\#\alpha$ 加上 α_i 关于 α 的相对内涵编码：

$$\#\alpha_i=\#\alpha+f^1_{(1)}\cdots f^m_{(m)} \tag{2-2}$$

这里，加号表示编码序列的连接。

任何项目的知识本体都是一个概念体系，因素编码原理可以通过连锁反应对任何项目建立这种体系。所得概念的编码都是相对编码，只要从项目名称开始就行了。

最要紧的事情就是控制因素的码字数量。因素虽然多不胜数，但寻根究底，只有为数不多的一群根因素，由它们能派生出众多的因素。例如，f=“形态”，它在对象的层次结构中会产生众多的派生因素，当其论域 D=[人体]时，相是头、身和四肢的尺寸比例；当 D=[面貌]时，相是眼、眉、鼻、口等五官的搭配；当 D=[眼]时，相是眼型、单双眼皮、眼神等方面的组态。于是，“人体形态”“面貌形态”和“眼部形态”便因相域不同而形成 3 个不同的因素。我们把“形态”叫作根因素，把“人体形态”“面貌形态”和“眼部形态”叫作派生因素。

派生因素都可写成$[\alpha]g$ 的形式，这里，g 是根因素。如形态，$[\alpha]g$ 表示将 g 限制在概念 α(如面貌)的定义域$[\alpha]$上，这一限制使因素的相域发生了的变化，变成与 g 不同的因素，叫作 g 的派生因素。$[\alpha]$叫作限制域，但偶尔也会出现扩张域，例如，根因素 g=“思维?”，它的定义域是[生物]，派生因素([物质]g)就是扩张型，扩张以后的因素就是“拟思维?”，用以描述物质有无拟思维。

按照机制主义人工智能理论，因素分目标、形式和效用三大类：形式因素描述眼、耳、鼻、色、身对事物的形式反映，主要的根因素是 a 虚实、b 形式、c 结构、d 动静、e 声音、f 气息、g 味道、h 触感，等等；目标和效用的共用根因素是 A 求生供需、

B 求知供需、D 求智供需、E 求德供需、F 求美供需、G 社政供需、H 环境供需，等等。

例如，“宇宙”被因素“虚实”划分成“精神”与“物质”。按刚才所说，“虚实”的码符是 a，相域 I(虚实)＝{物质，精神}＝{1,0}；目标因素是“求知”，码符是 B，相域 I(求知)＝{是，否}＝{1,0}。把目标因素写在前头，根据式(2-2)，便可分别写出概念“精神”与“物质”的因素编码：

$$\#\text{精神}=B_1a_0,\quad \#\text{物质}=B_1a_1 \tag{2-3}$$

形式根因素的码名用小写英文字母表示，目标效用根因素的码名用大写英文字母表示。

派生因素编码原理 按编码原理有

$$\#[\alpha]g=\#\alpha+[\alpha]g_{(i)} \tag{2-4}$$

例如，“物质”被划分成“生物”和“死物”这两个子概念，这个划分因素就是前文说过的“生命性”。其实，“生命性”是一个派生因素，其根因素是“形态”，码符是 b，其限制域是[物质]，码符是([物质]b)，具有相域 I([物质]b)＝{生物，死物}＝{1,0}。根据式(2-3)有

$$\#\text{生物}=B_1a_1([\text{物质}]b)_1$$

$$\#\text{死物}=B_1a_1([\text{物质}]b)_0$$

特点：派生因素的限制域是[物质]，而写在限制域前面的就是限制概念的因素编码 B_1a_1。

继续下去，因素“动静”的码符是 d，它在“生物”限制下的派生因素是([生物]d)，具有相域 I([生物]d)＝{植物，动物}＝{0,1}，便有

$$\#\text{植物}=\#\text{生物}+([\text{生物}]d)_0=B_1a_1([\text{物质}]b)_1([\text{生物}]d)_0$$

$$\#\text{动物}=\#\text{生物}+([\text{生物}]d)_1=B_1a_1([\text{物质}]b)_1([\text{生物}]d)_1$$

因素“结构”(码符是 c)在效用因素“求知”(字码是 B)的牵引下起着按结构分科的作用。c 在“精神”限制下的派生码符是([精神]c)，具有相域 I([精神]c)＝{文科，理科}＝{0,1}，便有

$$\#\text{文科}=\#\text{精神}+([\text{精神}]c)_0=B_1a_0([\text{精神}]c)_0$$

$$\#\text{理科}=\#\text{精神}+([\text{精神}]c)_1=B_1a_0([\text{精神}]c)_1$$

“结构”c 在“理科”限制下的派生码符是([理科]c)，具有相域 I([理科]c)＝{数学，物理，化学}＝{1,2,3}，便有

$$\#数学=\#理科+([理科]c)_1=B_1a_0([精神]c)_1([理科]c)_1$$

$$\#物理=\#理科+([理科]c)_2=B_1a_0([精神]c)_1([理科]c)_2$$

$$\#化学=\#理科+([理科]c)_3=B_1a_0([精神]c)_1([理科]c)_3$$

"结构"c 在"数学"限制下的派生码符是$([数学]c)$，具有相域 $I([数学]c)=\{几何,代数,分析\}=\{1,2,3\}$，便有

$$\#几何=\#数学+([数学]c)_1=B_1a_0([精神]c)_1([理科]c)_1([数学]c)_1$$

$$\#代数=\#数学+([数学]c)_2=B_1a_0([精神]c)_1([理科]c)_1([数学]c)_2$$

$$\#分析=\#数学+([数学]c)_3=B_1a_0([精神]c)_1([理科]c)_1([数学]c)_3$$

概括地说，因素编码是序贯运用派生因素编码原理的自由扩展。编码序列中出现的形式因素，除首个以外都是派生的，其限制域就是它前段编码所表达的概念的外延。限制概念的编码就写在限制域的前面。注意，式(2-4)右端的$[\alpha]g$ 是派生因素$[\alpha]g$ 的码符。码符是码字的符号，二者最好不同，但可以相同。

因素简码及复原　因素编码的根因素是不多的，但却加上了很多限制概念词，为了简化，我们把所有方括号(派生因素的限制域)省略掉，仅保留所有的圆括号，以便复原。这样的编码叫作因素简码。例如：

"死物"$=B_1a_1([物质]b)_0\to B_1a_1(b)_0$

"生物"$=B_1a_1([物质]b)_1\to B_1a_1(b)_1$

"植物"$=B_1a_1([物质]b)_1([生物]d)_0\to B_1a_1(b)_1(d)_0$

"动物"$=B_1a_1([物质]b)_1([生物]d)_1\to B_1a_1(b)_1(d)_1$

"文科"$=B_1a_0([精神]c)_0\to B_1a_0(c)_0$

"理科"$=B_1a_0([精神]c)_1\to B_1a_0(c)_1$

"数学"$=B_1a_0([精神]c)_1([理科]c)_1\to B_1a_0(c)_1(c)_1$

"物理"$=B_1a_0([精神]c)_1([理科]c)_2\to B_1a_0(c)_1(c)_2$

"化学"$=B_1a_0([精神]c)_1([理科]c)_3\to B_1a_0(c)_1(c)_3$

"几何"$=B_1a_0([精神]c)_1([理科]c)_1([数学]c)_1\to B_1a_0(c)_1(c)_1(c)_1$

"代数"$=B_1a_0([精神]c)_1([理科]c)_1([数学]c)_2\to B_1a_0(c)_1(c)_1(c)_2$

"分析"$=B_1a_0([精神]c)_1([理科]c)_1([数学]c)_3\to B_1a_0(c)_1(c)_1(c)_3$

简码屏蔽了汉字，大大缩短了编码的长度，而且派生因素的限制概念已经被它前段的编码所表达，所以从简码可以恢复原码。例如，写出简码 $B_1a_0(c)_1(c)_1(c)_1$，恢复

它的原码的办法如下。

从左到右:第一个圆括号是(c),这里省略了一个限制域,按此圆括号前的编码B_1a_0往以前的编码历史里查找,在式(2-3)中发现"#精神$=B_1a_0$",便将第一个圆括号还原成"([精神]c)";第二个圆括号是(c),按此圆括号前的"编码B_1a_0([精神]$c)_1$"往前查找,发现"#数学$=B_1a_0$([精神]$c)_1$([理科]$c)_1$",便将第二个圆括号还原成"([理科]c)";第三个圆括号是(c),按此圆括号前的编码"$B_1a_0(c)_1(c)_1=B_1a_0$([精神]$c)_1$([理科]$c)_1$"往前查找,发现"#几何$=B_1a_0$([精神]$c)_1$([理科]$c)_1$([数学]$c)_1$",便将第三个圆括号还原成"([数学]c)"。最后,得到原来的因素编码:

#几何$=B_1a_0$([精神]$c)_1$([理科]$c)_1$([数学]$c)_1$

不同的两个概念不可能有相同的因素简码,这使得简码具有可鉴别性;简码简单,易于查询,这是因素简码的优点。

初始因素编码是树状生成的,前后呈祖裔关系。一个概念编码中码字的个数代表概念的辈分,这是相对于一定的编纂目标而定的。不同的目标会产生不同的树,形成林状结构,一个概念有多种编码,辈分也被局部地打乱。这并不是坏事。图书馆编制的几种不同的图书目录,只会给读者的借阅带来方便。唯一不能容忍的事情是一个编码对应多个不同的概念。

由编码原理的第二项可以看出,整体编码的成败在于所有上、下概念分裂节点相对编码的正确性。只要所有分叉点的相对编码正确,整体编码就必定正确。

由编码原理的第一项可以看出,一个上级节点的编码错误会导致所有下级节点的编码错误,而此错误的纠正只需该节点的管理人员负责,与任何下级人员无关。

因素编码的好处多,但其实现需要付出代价:对每一个因素f,无论是根因素还是派生因素,都要把它的相域$I(f)$详尽地规定出来,举例如下:

I(身高)={低,中,高}

={<1.6,[1.6,1.75],>1.75}(米)　(南方男子)

={<1.5,[1.5,1.65],>1.65}(米)　(南方女子)

={<1.65,[1.65,1.8],>1.8}(米)　(北方男子)

={<1.6,[1.6,1.7],>1.7}(米)　(北方女子)

={<1.9,[1.9,2.1],>2.1}(米)　(男子篮球)

这些规定要作为条例和档案存放在库表中,并及时修改。必要的时候,要建立因素手册，甚至要编纂跨项目、跨行业的因素辞典。

因素编码在原则上是讲通了，但在实践中会遇到诸多困难，需要实践家来克服。

8. 因素是知识增长的表达器

感知是思维活动的起始环节，它应该有一个基本的数学表达形式。一般，书籍的表达式是“d is a”。这里，d 是客体（包括物和事），a 是一个相。这种表达虽很自然但却不能采用。机制主义人工智能理论强调：相是一种信息，信息并不等于客体，二者之间不能画等号。感知是认识主体为着一定目的将视角（因素）聚焦在客体 d 上所得到的映射，即 $f(d)$。把 d 改写为 $f(d)$，便有以下 2 种表达式。

1）感知表达式

$$f(d)=a \tag{2-5}$$

其中，相 a 叫做感知信息。

回顾定义 2.1 可知，因素的定义本身就是感知表达式。因素就是接受信息的映射或“属性映射”[4]，因素的相空间就是由认识主体的视角所接受的信息空间。

2）因素的知增表达式

在数学上，一个概念是一个二元组 $\alpha=(\underline{\alpha},[\alpha])$。其中，$\underline{\alpha}$ 是对概念 α 的描述语句，叫作 α 的内涵，$[\alpha]$ 是由满足内涵描述的全体对象所成的集，叫作 α 的外延。

婴儿出生的时候只有零概念，内涵是零描述，外延是整个宇宙混沌一团。人类知识是从零概念开始，经过一步一步地概念团粒分裂细化而来的。每次分裂都会使概念团粒缩小，使内涵描述语句增加，使一个上位概念分裂成几个下位概念，这就是知识的增长。那么，概念团粒是靠什么来细分的呢？每一个内涵描述句都是由因素表达的一个感知表示句，因素可看作概念团粒细化的分化器。

知识的增长过程：将上位概念的外延$[\alpha]$当作定义域，经过因素 f 的映射，它的相域就成为论域的一个分类，每一类都是一个子概念的外延，由此得到一组下位概念$\{\alpha_1,\cdots,\alpha_k\}$。

定义 2.3[3]　设 α 是上位概念的名称，$\alpha_1,\cdots,\alpha_k$ 是 α 分化出来的一组下位概念的名称，这个分化是由因素 f 诱导出来的，这个过程可以表达为

$$f:\alpha\rightarrow\{\alpha_1,\cdots,\alpha_k\} \tag{2-6}$$

叫作知增表达式。

例 2.2 8条划分语句

“虚实”:宇宙→{精神,物质};

“生命性”:物质→{生物,非生物];

“文理”:精神→{文科,理科];

“有机?”:非生物→{无机物,有机物};

“能动?”:生物→{动物,植物};

“脊椎?”:动物→{脊椎动物,非脊椎动物};

“植物高度”:植物→{乔木,灌木,草,苔};

“哺乳?”:脊椎动物→{哺乳脊椎动物,非哺乳脊椎动物}。

例毕

定义 2.4 每个知增表达式$\alpha-f-\{\alpha_1,\cdots,\alpha_k\}$都叫作一个因素图基元,因素是边,概念是节点,每个边有一个前节点和多个后节点。因素图基元按概念所联成的图叫作**因素谱系**。

因素图基元在知识图谱中被称作多支图基元,相应的图谱叫作知识超图谱。本书不采用这个名称,这是因为现在的知识超图谱还存在误区。因素谱系是知识超图谱的升级版。

例 2.2 中的 8 条划分语句所形成的因素谱系见图 2-1。每个图基元的边上都有一个菱形,用来标注因素的名称,以突显因素的地位。同时,也显示了因素起着程序判别器的作用。

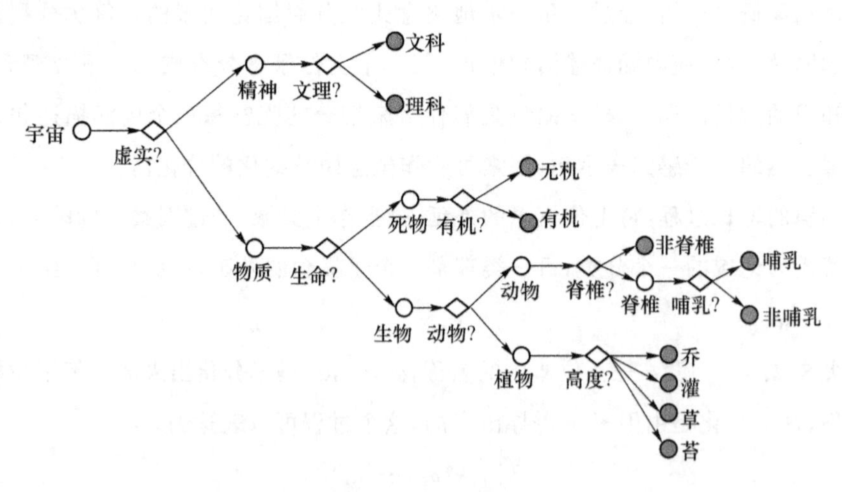

图 2-1 因素谱系

因素谱系可以通过嵌入的方式展开。如果一张因素图谱的始祖节点是另一张因素图谱的一个末节点，就可以把前一张图整体移植到此末节点上而形成一个更大的图，这一过程叫作嵌入。嵌入的反过程叫作关闭。嵌入和关闭的节点叫作一个窗口。这是现行网站所不可缺少的特性。

例 2.3　在图 2-1 中，概念“理科”是一个末节点。现以它为始祖概念，引入两个知增表达式：

理科—“理科结构”—{数学，物理，化学}

数学—“数学结构”—{几何，代数，分析}

图 2-2 就是这两条划分语句的因素谱系。

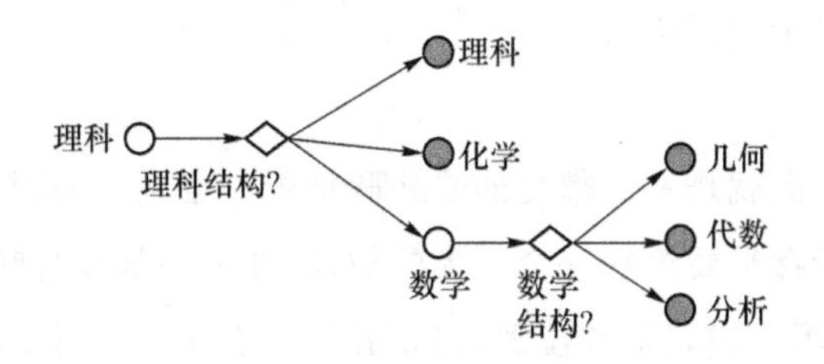

图 2-2　局部因素谱系

现在，把图 2-2 所示的局部因素谱系嵌入图 2-1 所示的因素谱系，所集成的因素谱系如图 2-3 所示。其中，节点“理科”就是一个可开闭的窗口。

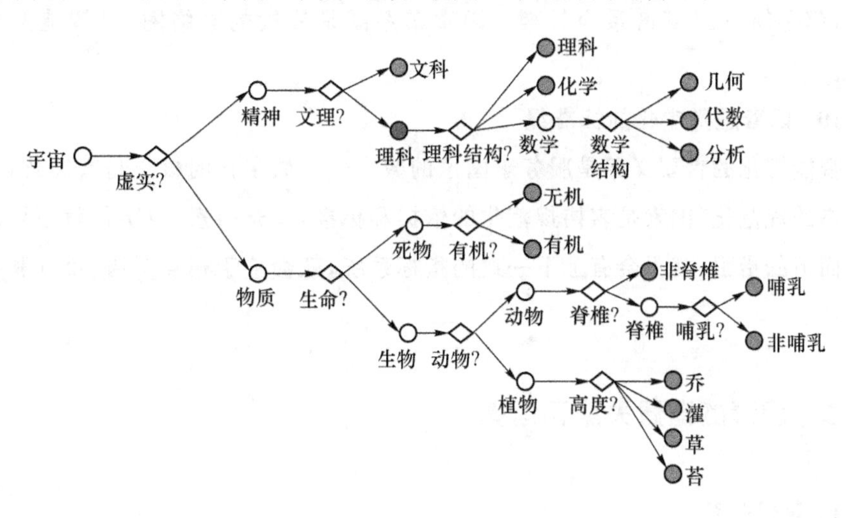

图 2-3　嵌入因素谱系

例毕

9. 因素是智能孵化的沉淀剂

人脑活动的外向目标是改造世界，而其内向归宿是在此过程中塑造自己，构建一个神经突触的知识库；因素空间的外向目标是对各行各业进行智能孵化，而其内向归宿则是构建新型的因素数据库。与传统数据库不同的是，新型数据库变被动存储器为进攻作战网库，需要把知识建在网库、打在网库、改在网库、活在网库，以其鲜活灵动的生态达到与人脑知识记忆系统同构的目的。

因素数据库是表-图结合的智能体。

1）表

一张张因果分析表设立在系统的每一个节点上，直到最基层的前沿阵地。每一张表都是一个战术武器库。

2）图

一张因素谱系图就是一个部门的战斗联络图。全系统的因素谱系图就是整个战役的联络图。指挥员要组织一个宏大的战役，在一个战役打响的时候，通过因素编码，瞬间在联络图上找到临战位置，点击按键就打开了一个因素空间的窗口，在那里运用因素空间平台进行作战。战术点可以不断转换。无论场景层次多复杂，因素空间的维度都东西漂浮，犹如古人兵法的阵势，变幻莫测。

所有经济、社会、文化、军事的复杂体系都是知识体系，都是由概念体系支撑起来的，都必须以因素谱系为骨架。因素谱系图是战役的联络图，是智能孵化的经络。

10. 因素是数字化的标准绳

智能孵化的首要义务是服务于国家的数字化。数字化的核心是智能化，难点是表格的规范化，因素是表格规范化的依据和标准，离开因素，数字化就不可能有自上而下的指引，就不会有上下一致的指标系统，就会陷于相互矛盾、重复和严重的浪费。

2.1.2 因素的背景关系和运算

1. 背景关系

1）背景关系的定义

定义 2.5[5]（背景关系） 给定因素空间$(D, f_1, \cdots, f_n)$，记 $I = I(f_1) \times \cdots \times$

$I(f_n)$，又记

$$R=\{\boldsymbol{a}=(a_1,\cdots,a_n)\in I \mid \exists d\in D; f_1(d)=a_1,\cdots,f_n(d)=a_n\} \tag{2-7}$$

称 R 为 $f_1,\cdots,f_n$ 的背景关系或空间背景集。

气温和降雨量是两个因素，这两个因素的背景关系不能包含所有的组态，如低气温的北方不可能出现很高的年均降雨量，于是在笛卡儿乘积空间上存在很多虚组态。去掉虚组态，背景关系就是实际存在的笛卡儿乘积空间。

背景关系 R 决定诸因素之间的相互关系，总有 $R\subseteq X$；诸因素无关当且仅当 $R=X$。若不引入背景关系，就等于默认 $R=X$，也就是默认诸因素彼此无关。无关因素之间不存在因果链条；离开背景关系，就找不到因果分析的合理框架。

当背景关系等于相域的笛卡儿乘积空间，即 $R=X$ 时，分解不出有意义的公因子。而 $R=X$ 意味着被分解的因素是不相关的，所以，只有在被分解的因素是彼此相关的时候，才有可能分解出有意义的因素。

2）背景关系决定一切推理

给定因素空间(D,f,g)，假定两个因素 f、g 具有相域 $X=I(f)$ 和 $Y=I(g)$，为了使例子简单，设 X、Y 是两个实数区间。对任意 $d\in D$，有$(f(d),g(d))=(x,y)\in X\times Y$。设 P 和 Q 分别是 X 和 Y 的两个子区间，谓词 $P(x)$是“$f(d)$在 P 中”；谓词 $Q(y)$是“$g(d)$在 Q 中”。要进行推理，必须对这两个区间向二维空间 $X\times Y$做柱体扩张，得到两个长条 $P\times Y$ 和 $X\times Q$。要使推理句 $P(x)\rightarrow Q(y)$成立，必须使 $P\times Y\subseteq X\times Q$。但由图 2-4 可知，横条 $P\times Y$ 总要从竖条 $X\times Q$ 中伸出双翼，即其中的两块阴影区域。这就意味着 $P(x)\rightarrow Q(y)$不可能处处成立，即 $P(x)\rightarrow Q(y)$不可能成为一个恒真句。

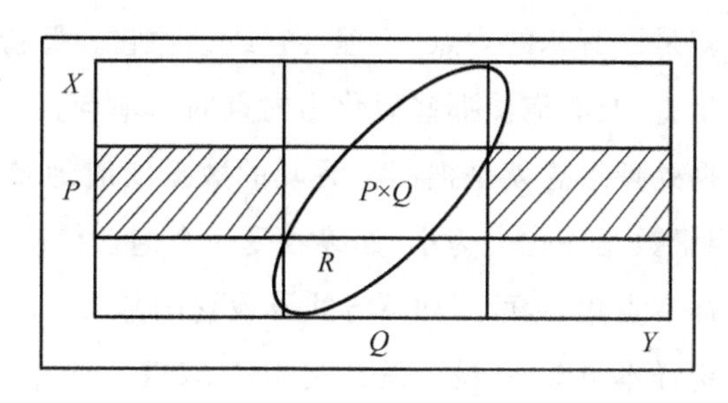

图 2-4　因素推理的直观模型

因此，能使推理摆脱困境的是背景关系！由于 R 之外全为虚无，因此可以得到以下定理。

定理 2.1[6] 背景关系决定一切推理。

$P(x) \to Q(y)$是恒真句当且仅当

$$(P \times Y) \cap R \subseteq (X \times Q) \cap R \tag{2-8}$$

式(2-8)的作用是使图 2-4 中的两块阴影消失在虚无之中。在 R 固定以后，对于任意的 P 和 Q，由式(2-8)便可以判定 $P(x) \to Q(y)$究竟是不是一个恒真句。在这个意义下，背景关系 R 决定了从 f 到 g 的一切推理。

3) 背景基

既然背景关系如此重要，对它的刻画与存储就显得格外重要。在大数据场合下，必须进行大幅度的信息压缩，这就提出了背景基的概念。

在一个实线性空间 $X = R^n$ 中，如果从 A 中任取两点 $a = (a_1, \cdots, a_n)$ 和 $b = (b_1, \cdots, b_n)$，那么它们所连线段必在 A 之内，即

$$\lambda \boldsymbol{a} + (1-\lambda)\boldsymbol{b} \in A \quad (0 \leqslant \lambda \leqslant 1) \tag{2-9}$$

集合 A 叫作一个凸集。

设 $E = \{\boldsymbol{e}_i = (e_{i1}, \cdots, e_{in}) \mid i = 1, \cdots, m\}$ 是 n 维空间中的 m 个点。如果对任意 $\boldsymbol{a} \in A$，都存在 m 个实数 $\lambda_1, \cdots, \lambda_n$ 满足 $0 \leqslant \lambda_j \leqslant 1 (j = 1, \cdots, m)$，使 $\boldsymbol{a} = \lambda_1 \boldsymbol{e}_1 + \cdots + \lambda_m \boldsymbol{e}_m$，则称 E 是 A 的一个基，E 中的点叫作 A 的基点。

定义 2.6[7] 给定简单因素空间$(D, f_1, \cdots, f_n)$，R 是其元因素的背景关系。若 R 是凸集，R 的任意一个基 B 叫作该空间的一个背景基。

背景基不唯一，其中的基点越少越好。背景基可以生成背景关系，可以将非基点全部删除，实现无信息损失的大幅度压缩。每输入一个新的数据，都要判断它是否能用已获基点生成(它是已获基点的凸组合)，若不能，就接纳它并使其成为一个新的基点；否则，它就是已有基的内点，不理会它或删除它。每新增一个基点，都要对原有的基点进行审查，及时淘汰那些蜕化为内点的旧基点。

因素空间的数据处理思想就是把网上吞吐的数据实时地转化为背景基点，面对大数据的涌入，因素数据库化大为小，始终收受一个饱含信息的小数据集。

给定一个背景样本点集 S，可用如下方式寻找它的基点。

夹角判别法给定样本点集 S，设 o 是 S 的中心，d 是一个被判断的点。若对 S 中所有点 a，射线 do 与射线 da 均交成锐角，即

$$(a-d, o-d) > 0 \tag{2-10}$$

则判定 d 不是 S 的内点而接纳它为 S 的新基点；若有一个 $\boldsymbol{a}$ 使上式不成立，则认

为它是 S 的内点而删除。这里,$(a-d,o-d)$是向量 $a-d$ 和 $o-d$ 的内积。

例 2.4　在图 2-5 中,S 包含 $a=(2,1)$,$b=(4,5)$,$c=(5,3)$3 个点,试问 $d=(2,4)$能由 S 生成吗? $e=(3,2)$呢?

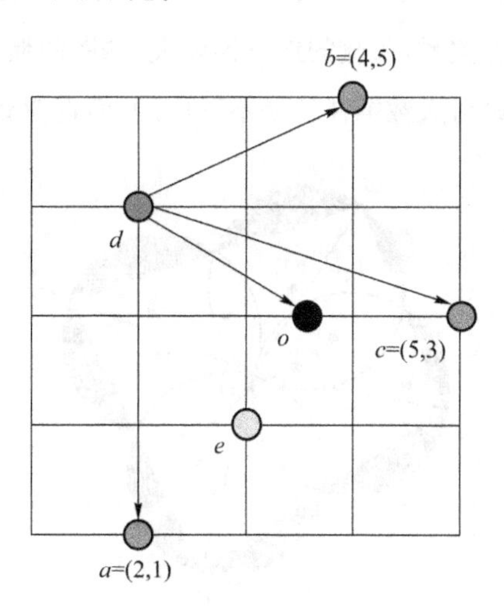

图 2-5　基点判别准则

解　先把 S 的中心 o 找出来:$o=(a+b+c)/3=(11/3,3)$。再判断 d 点到三点的连线分别与 d 点到中心的连线所夹的角是否为锐角:

$$(o-d,a-d)=((5/3,-1),(0,-3))=3>0$$

$$(o-d,b-d)=((5/3,-1),(2,1))=7/3>0$$

$$(o-d,c-d)=((5/3,-1),(3,-1))=6>0$$

都是正值,交成锐角,因此 d 被接纳成为新的顶点。

再看点 e:

$$(o-e,a-e)=(2/3,1)(-1,-1)=-5/3<0;$$

一旦出现负数交成钝角,e 便被认为可由 S 生成,当作可由 a、b、c 三点所生成的内点而加以删除。

例毕

夹角判别法不是一个准确的方法,当夹角是钝角时,点 d 就一定是内点吗?不一定。在图 2-6 中,设 $S=\{A,B,C,D\}$,四边形 $ABCD$ 就是 S 的凸闭包,O 是 S 的中心;分别以线段 OA、OB、OC、OD 为直径,以线段的中点为圆心画四个圆,以 OA 为直径的圆周上任意一点向 O、A 两点连线的夹角必是直角,要使此夹角为钝角当且仅当角顶点在 OA 圆内。其他圆同理。可见用夹角判别法所判断的内点范围不是凸闭包$[S]$,而是诸圆之并。图 2-6 中的黑色区域就是误判区。为了消除这一误差,吕金辉[8]、蒲凌杰等[9]还做了进一步探索。近似逼近也有它的好处:误差的大小与顶点的疏密程度有关系,稀疏的地方误差大,稠密的地方误差小。这符合近似逼近的要求。精确方法论对大数据往往是不适应的,而近似算法或许更加有效。

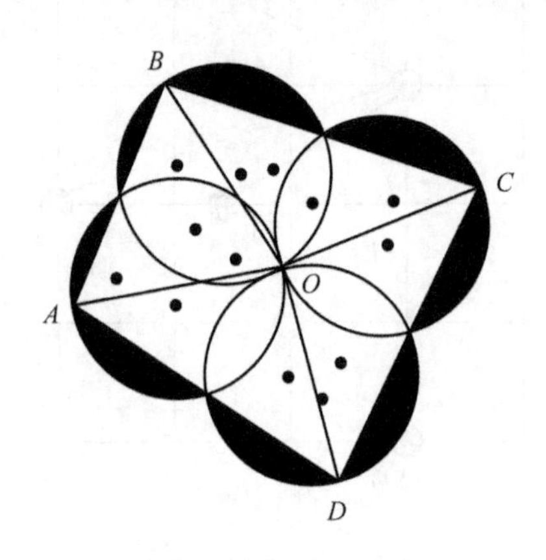

图 2-6 用诸球之并来逼近$[S]$

2. 因素的运算

1) 因素的质根运算

因素是论域中对象的划分器。设相域 $I(f)=\{a_1,\cdots,a_n\}$,由因素 f 确定一个划分关系$\sim$:$d\sim d'$当且仅当 $f(d)=f(d')$。这是一个等价关系(满足反身性、对称性和传递性的二元关系),等价关系决定了对定义域 D 的分类,记为

$$H(D,f)=\{c_i=\{d\in D\,|\,f(d)=a_i\}\,|\,i=1,\cdots,n) \tag{2-11}$$

同相的对象各成一类。显然遵循下列命题。

命题 2.1 相域就是对论域的一个分类:$H(D,f)=I(f)$。

如果 $H(D,f)$中的任意一个类都被 $H(D,g)$中的一个类包含,则称 f 的划分比 g 细,或称 f 的划分能力比 g 强,记作 $f\geqslant g$。记 F_D 为在 D 上有定义的所有因素构成的集合,$(F_D,\geqslant)$是一个偏序集。最强的因素能把 D 划分成单点集,每类都只含有一个对象。最弱的划分能力为零,就是不分,商空间等于原空间 D。什么因素才不划分呢?就是只取一个相的因素:$I(f)$只包含一个相的因素叫作零因素。零因素没有划分能力。

2）因素的逻辑运算

定义 2.7(因素的合取运算)　给定论域 D 上的因素 f、g 和 h。如果因素 h 对 D 的划分关系"～"被定义为：$d \sim d'$ 当且仅当 $f(d)=f(d')$ 且 $g(d)=g(d')$，则称因素 h 是 f 和 g 的**合取**，记作 $h=f \wedge g$；或称因素 h 是 f 和 g 的**合成**，记作 $h=f \cup g$。

这里，"$f \wedge g$"叫作因素的逻辑运算，表示既要考虑因素 f 又要考虑因素 g；"$f \cup g$"叫作因素的质根运算，质根是人考虑问题时着眼的无形团粒，新着眼的团粒是两个着眼团粒的并。逻辑运算是传统，质根运算是特色。二者在符号上有互逆倾向。

合取因素的相域求解过程是，先对被合取因素相域求笛卡儿乘积集：

$$I(f \wedge g)=I(f \cup g)=I(f) \times I(g) \tag{2-12}$$

再对属性的配对进行合取：

$$f \cup g=\mathrm{Sup}(f,g)$$

这里 Sup 是因素按序关系"≥"定义的上确界。

例 2.5　美食家评价菜肴，论域 D=被评判的菜肴集。判别的元因素有：f_1=色，$I(f_1)$={美，中，丑}；f_2=气，$I(f_2)$={香，臭}；　f_3=味，$I(f_3)$={鲜，常，差}。

由合取产生的复杂因素有：$f_4=f_2 \wedge f_3$=气且味。它的相域是

$I(f_4)=I(f_2) \times I(f_3)$={鲜且香，鲜且臭，常且香，常且臭，差且香，差且臭}

凡是"且"字都可以略去，简记为

I(气味)={鲜香，鲜臭，常香，常臭，差香，差臭}

类似地，有 $f_5=f_1 \wedge f_3$=色味；$f_6=f_1 \wedge f_2$=色香；$f_7=f_1 \wedge f_2 \wedge f_3$=色香味。它们的相域就不一一写出了。

例毕

因素的合取是它们属性值的两两合取。从这个意义上说，因素的逻辑运算代表了属性值的相应的逻辑运算。但是，这句话仅仅对合取运算成立，对析取运算就不成立了。不能按定义 2.3 的方式来定义因素的析取，如果因素 h 对 D 的划分关系～被定义为"$d \sim d'$ 当且仅当 $f(d)=f(d')$ 或 $g(d)=g(d')$"，则关系～不具备传递性，即由 $d \sim d'$ 和 $d' \sim d''$ 推不出 $d \sim d''$。从而，它不是一个等价关系，不能对 D 进行划分。

因素在逻辑上析取，就是对质根取交，从大质根中分解出小的公共质根，具有重大意义，因此，因素的析取运算非定义不可。经过推敲，最终决定采用以下定义。

定义 2.8(因素的析取运算)[3]　给定论域 D 上的因素 f、g 和 h，如果因素 h 对论 D 的划分关系 $\sim^*$ 是关系 $\sim$ 的传递闭包，而关系 $\sim$ 被定义为 $d\sim d'$ 当且仅当 $f(d)=f(d')$ 或 $g(d)=g(d')$，则称因素 h 是 f 和 g 的分解，称因素 h 是 f 和 g 的析取，记作 $h=f\vee g$，或者记作 $h=f\cap g$。

数学把 D 上的关系 $\sim$ 描写成 $D\times D$ 中的一个子集。例如，人群 D 中所有父子形成的对子构成一个集合 $\sim_{父子}=\{(a,b)\mid a,b\in D\}$，这个集合就是父子关系的外延，要问甲是不是乙的父亲，就要看对子(甲，乙)是否在集合 $\sim_{父子}$ 中。关系 $\sim_{父子}$ 写成一个矩阵 $\boldsymbol{C}$，有父子关系的格子取值 1，否则取值 0。记 $\boldsymbol{C}^2=\boldsymbol{C}\cdot\boldsymbol{C}$ 为矩阵的模糊乘积，即将普通矩阵乘法中的数值加法改为取大、数值乘法改为取小。$\boldsymbol{C}^2$ 所代表的关系记为 $\sim^2$，它把父子关系放大为“父子或祖孙”关系。关系 $\sim$ 的传递闭包 $\sim^*$ 可采用张玲、张钹的定义[10]，让关系矩阵 $\boldsymbol{C}$ 自乘下去，到不再扩展为止。即，若存在 n 使 $\boldsymbol{C}^{n+1}=\boldsymbol{C}^n$，便称 $\boldsymbol{C}^n$ 对应的关系 $\sim^n$ 为传递闭包 $\sim^*$。传递闭包一定满足传递性，从而是分类关系。只有用传递闭包才能正确定义因素的分解运算。

显然，有 $f\cap g=\mathrm{Inf}(f,g)$，这里 Inf 是因素按序关系“$\geqslant$”定义的下确界。

如果实在相域 R 是整个连通的笛卡儿乘积空间，则 $\sim^*$ 只分出一类，也就是不分类，所分解而得的公因子就是零因素，也就是无法分解。

命题 2.2(**公因子性**)　$f\vee g=\boldsymbol{0}$ 当且仅当实在相域 $R=I(f)\times I(g)$。

元因素并不是不可再分割的因素。例如，色、香、味是一组元因素。但色与香是彼此独立的吗？它们之间能否提出公因子？如果能提出公因子，它们就还可以再分割。所以，元因素不一定独立，不一定不能再分割。

因素除了逻辑与质根的运算而外，评价和决策还不能离开因素的权重运算。传统数学中的变量都是因素，它们之间的数值运算也都应保留在因素空间的框架之内。

2.2　因素空间的基本功能

2.2.1　因素空间的定义

定义 2.10(因素空间)　称 $(D,f_1,\cdots,f_n)$ 为 D 上的一个因素空间，如果

$\{f_1,\cdots,f_n\}$是由一组定义在 D 上的因素所成之集，对其中任意一组因素 $f_{(1)},\cdots,f_{(k)}(0\leqslant k\leqslant n)$，都有

$$I(\boldsymbol{f}')=I(f_{(1)})\times\cdots\times I(f_{(k)}) \tag{2-13}$$

这里，$f_1,\cdots,f_n$ 叫作元因素，$\boldsymbol{f}'=f_{(1)}\wedge\cdots\wedge f_{(k)}$ 代表由 $f_{(1)},\cdots,f_{(k)}$ 合取的复杂因素。当 $k=n$ 时，记 $\mathbf{1}=f_1\wedge\cdots\wedge f_n$，叫作全因素；当 $k=0$ 时，记 $\boldsymbol{f}'=\mathbf{0}$ 具有相域 $I(\mathbf{0})=\{\varnothing\}$，叫作零因素。

形象地说，一个因素空间是以因素为轴名所张成的空间。按托架思想，这些轴可被视为欧氏空间的嵌入体。任何事物都可以被描述为因素空间中的一个点，如图 2-7 所示，因素空间是事物描述的普适性框架。

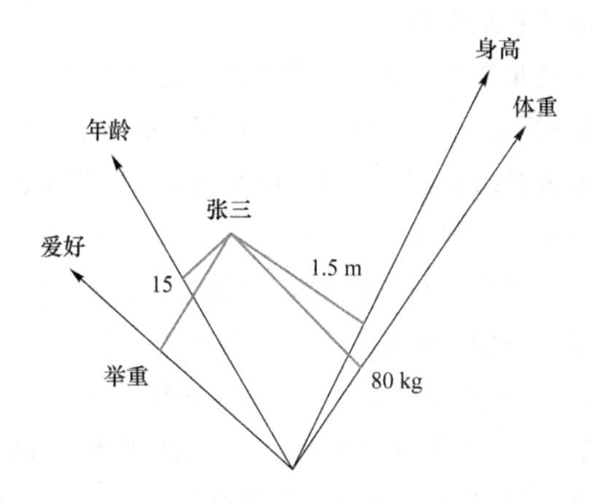

图 2-7　张三被描述成为因素空间中的一点

根据视角原理 1，所有信息都带有因素的烙印，所有信息都在因素空间中栖息，所有智能化的信息处理都可以转化为因素空间的语言。

根据视角原理 2，所有数据都带有因素的烙印，所有传统数学的数据处理活动都可以移植到因素空间中来。

传统数学已经和正在提供的多种数据处理的方法，尤其是较为前卫的数理统计和小样本学习理论，也都需要交叉协同。因素空间为传统数学的智能描述提供了统一开放的平台。

因素空间不仅以坐标形式而且以在空间延展和节点传输两方面互相转换的形式向外开放。刘增良教授[11]在 1990 年提出了因素神经网络理论，践行了把因素视为神经网络中节点的思想，使因素空间中的一个样本点转化为因素神经网络中的一个输入向量。这种转化为因果分析打开了一个新的窗口。因素神经网络对神

经网络的贡献是：因素神经网络对节点做了因素解释，使携带语义信息成为可能，使深度学习变成可理解的操作。

因素空间的这种灵活框架也非常有利于运用何华灿教授所创立的泛逻辑理论与方法[12]，因素空间与泛逻辑之间可以深入结合，浑然一体。

2.2.2 因素空间是认知与谋行的工具箱

钟义信教授所提出的机制主义的统一智能理论[13]指出，基本智能认知与谋行活动指的是：①区分对象；②概念生成；③因果归纳；④判断推理；⑤预测评价；⑥决策控制；⑦行动反馈；⑧总结经验。

粗糙集理论已经初步实现了前 6 个智能环节的数学化，因素空间是粗糙集理论的提升，基于因果分析表（信息系统表的升级版）可回答前 6 个环节中提出的问题。后 2 个环节需要人机结合，在主、客体的互动中不断将知识和经验用人所能理解的自然语言写到因素空间列表的附件中去。

认知是将感知信息转化成知识的过程，它是实现信息转换的关键，是智能生成机制的第一步。信息转换的关键是将感知信息转化为概念。表达式(2-5)就是概念的内涵描述单元，即把感知转化为认知。概念必须靠多个因素来刻画，必需实现形式、效用和内容的统一。要在目标的指引下，从浩如烟海的形式信息中，按效用因素筛选出形式因素，实现形式与效用的最佳搭配，产生形式、效用、内容三位一体的语义全信息，产生概念和知识。

例 2.6 从餐具的感知信息中转化出概念“瓷茶杯”。

目标是“饮茶方便”；设论域 D＝由一些餐具所构成的集合，形式因素有

f_1＝“形状”，$I(f_1)$＝{碗，杯，盘，碟，壶，筷，刀，叉，匙}

f_2＝“材质”，$I(f_2)$＝{木，竹，瓷，玻璃，塑料，金属}

f_3＝“物权”，$I(f_4)$＝{公，私}

f_4＝“购买时间”，$I(f_4)$＝{早，中，晚}

f_5＝“购买方式”，$I(f_5)$＝{网购，店铺}

…

效用因素有

g_1＝“装盛”，$I(g_1)$＝{水，茶，汤，菜，饭，酒}

g_2＝“顺心”，$I(g_2)$＝{典雅，随和，粗笨}

从 D 中取一个子集，要求对其中的每一个餐具，所有条件因素和效用因素都有确定的相。这样来形成数据集，或称样本集。

步骤 1：沙里淘金

求每个形式因素对效用因素的决定度。设定一个门槛，删去不达标的形式因素，从海量的形式因素中，选取效用高的形式因素。这是认知过程的第一步。限于篇幅，此处略去数据、表格和计算，结果是：物权、购买时间和购买方式等形式因素均与装盛和顺心无关，决定度都极小，被淘汰。只留下形状与材质两个形式因素。

步骤 2：形式与效用的最佳搭配

对所给数据建立以入选形式因素为因、以效用因素为果的因果分析表，寻找形式因素与盛茶效用的最佳组态，得到瓷杯和玻璃杯。再用它们的顺心感做比较，得到最佳搭配对 $(x,z)=$（瓷杯，盛茶且典雅），此即语义信息或内容。

步骤 3：命名 $y=$“瓷茶杯”

结果是得到一个新概念“瓷茶杯”，其定义是：瓷制的杯子，品茶用且典雅。

例毕

上例前 2 个步骤中的具体计算方法都可由因素空间理论提供。算法的可靠性由样本的大小决定。大数据提供的大样本所得结论绝对可靠，但计算量大，而因素空间背景基理论将大样本压缩为小样本而保持相应的可靠性。

形式因素和效用因素的搭配，可以看作两种因素的分解，即寻找二者的公因子。但这只是想法，还没有发展出具体算法。

2.3　不确定性因果分析

2.3.1　因素概率理论

1. 因素概率场

现有概率论中的多数教科书将概率场定义为一个三元组 (Ω,A,p)，这里，Ω 表示由一切可能出现的试验样本点组成的集合，叫作样本空间或基本空间。A 是 Ω 上的一个 σ-代数，p 是定义在 A 上的一个概率测度。请注意，样本点是试验的结果，基本空间是结果而不含原因，这样建立的概率论结构不能反映事物的因果联系。因素概率论就是要还概率论是不确定性因果分析学的本来面目。

定义 2.11[14,15] 给定一个概率场(Ω, A, p)，如果存在一个因素空间$(U; F=(f_1, \cdots, f_n))$使$\Omega=F(U)$，则称$(\Omega=F(U), A, p)$为一个因素概率场，$(U;F)$叫作$(\Omega, A, p)$的前置因素空间。

因素概率场的意思就是把基本空间Ω解释成因素F的相空间：$\Omega=I(F)$。

因素概率空间解释了随机事件形成之因。掷一枚钱币，要问哪一面朝上？需要把影响投掷结果的因素都考虑进去，如钱币形状、初始位置、手的动作、桌面形状、环境干扰等，以这些因素为轴形成一个因素空间$(U; f_1, \cdots, f_n)$，使论域中的每个试验对象u都通过这组因素映射出一个确定的投掷结果ω（如若不然，则一定有某些因素被忽略了）。原来，样本空间$\Omega=\{1(正面), 0(反面)\}$是投掷因素的相域，样本点是投掷因素映射的结果，这样样本点的出现就有了成因。

记$f_1 \wedge \cdots \wedge f_n = f$，图 2-8 中的子集$A=f^{-1}(1)$表示论域$U$中获取正面的对象集，其中的子集$S$叫作掌控域。有些因素如手的动作，即使考虑到了也无法描述清楚，更无法控制。也就是说，掌控者的分辨度到达不了点ω，而只是一个粒度较大的S。如果S足够小，整个含在A中或整个划在A外，都会导致确定的结果，或者相反，二者仅居其一。但当S跨越了正、反两区的边界时，把S中的正区$A \cap S$看成一个圈圈，u是S中不可控的小点，它在圈圈内外来回跳动，结果便无法预料，这时才出现了随机性。随机性是因对事件引发因素掌控不充分而导致的结果不确定性。“圈圈固定，点子跳动”是随机试验模型的形象描述。

按照因素概率场定义的概率理论叫作因素概率论。

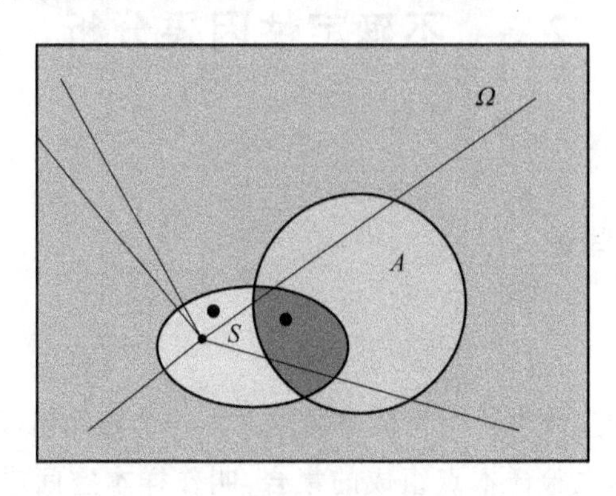

图 2-8 基本空间本应是因素空间

柯尔莫哥洛夫是一位伟大的数学家，按他的原始思想，基本空间就是因素空间，他提出的概率论就是因素概率论，只不过受到禁止讨论因果性的习惯势力的影响，把因果性思想掩埋罢了。

2. 因素概率的确定

在因素概率论中，每个随机变量都是因素。它是变项，也具有相域。如命中率ξ，它具有相域$I(\xi)=\{1,2,3,4,5,6,7,8,9,10\}$，其中的数字表示环数。

从概率论过渡到因素概率论，要遵循随机变量与因素的转换原理：每一个随机变量都是前置因素空间上的一个因素。

随机变量的相域$I(\xi)$若只包含有限个相$a_1,\cdots,a_n$，则随机事件“$\xi=a_i$”就是因素的相，事件相当于因素的属性和状态。随机试验必须满足：每次试验必有且仅有一个相发生。

定义 2.12[15]　扔一枚硬币，掷一颗骰子，从装着n个球的袋子中取出一球，…，所有这些具有对称性相的因素都叫对称因素。

对称性公理（对称性决定等可能性）　在随机性领域中，对称因素保证诸相的发生具有等可能性。

在掷硬币的例子中，手的动作是最难控制的因素，最好掌控的因素是硬币形状，它是一个对称因素。由于对称，两面出现的可能性相同。这是人的一种因果推断。从物理过程分析，两面的置换在任何环节中都不会被过程“识别”。这里“识别”的意思是不引起过程的任何物理反应。若做实际试验，便会出现频率稳定性。正反两面出现的频率都会在值为1/2的线上波动，符合大数定律的描述。为了避开哲学争论，这里将其作为一条公理写出来。

硬币的对称性使每一面出现的可能性量化为1/2；骰子的对称性使每一面出现的可能性量化为1/6；连接两次都是六点的可能性可以量化为1/36。很容易把可能性的量化范围扩大到有理数。可能性的量化结果就是概率，现在可以把概率的名号先在等可能事件中使用起来，于是对称性公理可以写为

$$p(a_1)=\cdots=p(a_n)=1/n \tag{2-14}$$

概率之所以被大众承认取决于数据的出现，是因为同一个数据集中的数据是相互对称的，谁也不比谁特殊，大家都是平权的，于是，根据对称性公理，可以提出数据平权公理。

数据平权公理　若无特殊假定，一个数据集中的所有数据都是平权的。一个

大小为 m 的数据集，每个数据都携带 $1/m$ 的概率落到信息空间里而成为一个样本点。

假定样本是一组专家的评分，而这组专家的评定水平是不一样的，这时，数据平权公理就不适用了，需要进行特殊处理。

数据平权地落到信息空间以后，它们在信息空间中的位置不一定均匀，所画出的直方图会呈现各式各样的样本分布。于是，等可能事件的概率很快就扩张为非等可能性事件的概率，实现了可能性的全部量化过程。

在全面接受了概率的使用以后，刚才所说的"不充分条件与结果之间仍然存在着广义因果律"果然不错。这里存在着一种辩证的对立统一：概率与频率是对立的，又是统一的。频率是现象，概率是本质，频率是实践依据，概率是人的正确抽象。频率再稳定也供不出一个度来，因果度的提取必须依靠人的正确推理。频率总带有偶然性的波动，概率却具有必然的色彩，它把事件发生的可能性从 1 和 0 扩大到[0,1]区间中的一个精确的实数。概率就是事物之间的因果率。充分的条件引出离散的因果率 1 和 0，不充分的条件引出连续的因果率。概率是一种度量，也可叫作因果度，度量必须用精确的数，不可含糊。

国外由于哲学流派的混乱，在纷争中出现了不同种类的"概率"。频率学派把频率直接叫作概率，是因为他们把人的正确抽象当作唯心论而加以否定，忽视因果的逻辑概念色彩，极其有害！机制主义人工智能理论强调，是否考虑认识主体（人脑）方面的因素是物质科学与信息科学的分水岭，要吸取而不要排斥认识主体所发挥的主导作用。

现代概率论是在测度论的基础上发展起来的，但测度论只能解决概率的表现与扩张，并未涉及概率的确定和起源。概率的真正确定还是要从强调等可能性的古典概率开始，然后才能借助测度论向外扩张。

3. 条件概率与推理

概率都是有条件的，没有无条件的概率，图 2-8 中的掌控域 S 就是确定概率的潜在条件。$p(B|A)$叫作 B 在 A 下的条件概率，它等于 A 与 B 同时发生的概率除以 A 发生的概率：$p(B|A)=P(AB)/p(A)$。这里 AB 是 $A\cap B$ 的简写。人们很早就注意到，B 在 A 下的条件概率可被视为推理句"若 A 则 B"的真值：

$$p(B|A)=t(A\rightarrow B)$$

这正说明了概率的本质：条件概率就是条件对结果的因果率。逻辑是因果的演绎，当然要和概率论挂钩。在概率论发展的初期，归纳逻辑就曾向概率论寻求过帮助，近代国内外已经开展了概率逻辑的研究。

条件概率的直接运用就是进行因果的正向概率推理，从已有的事件 A 出发，观察最有可能发生的后果是什么。

1）正向概率推理模型

给定事件列 $A, B_1, \cdots, B_k$，已知 B 类事件中每个事件在 A 之下的条件概率为 $p(B_j|A)$，若 A 已经发生，问 B 类事件中，哪个事件最有可能发生？

解　计算 $j^* = \mathrm{Argmax}_j\{p(B_j|A)|j=1,\cdots,k\}$，$A_{j^*}$ 最有可能发生。

按照条件概率的定义，上述证明是显然成立的。

2）贝叶斯公式与反向推理

前面是由已知的条件 A 寻求结果 B，现在要由已知的结果 B 回头寻找条件 A。

正向推理是无目标的求索，规定目标以后，为了达到目标，需要进行反向推理。给定事件列 $B, A_1, \cdots, A_k$，已知 B 在 A 类事件中每个事件之下的条件概率为 $p(B|A_j)$，现在反过来问：在 B 发生的条件下，哪个 A 事件最有可能发生？

3）逆向概率推理模型

给定事件列 $B, A_1, \cdots, A_k$，其中 $A_1, \cdots, A_k$ 是某随机变量的全相列，已知 A 类事件的概率 $P(A_j)$ 和 B 在 A 类事件中每个事件之下的条件概率 $p(B|A_j)$，现在 B 已经发生，问哪个 A 事件最有可能发生？

解　计算 $j^* = \mathrm{Argmax}_i\{p(B|A_i)P(A_i)|i=1,\cdots,k\}$，$A_{i^*}$ 最有可能发生。

逆向概率推理不仅要把一般事件序列限制为全相列，更重要的是要把眼光从属性层次提高到因素层次上来，从事件层次提高到随机变量的分布上来。为了强调这一思想，接下来把贝叶斯原理再深入地剖析一下。

4）贝叶斯原理

若知道因素甲的概率分布和因素乙在甲下的条件分布，当因素乙取定一个相时，便可计算出因素甲在乙状态下的条件分布。这个条件分布一定能比原分布提供更多的信息。

例 2.7　$D=\{\mathrm{a,b,c,d,e}\}$，对象是 5 个球。考虑两个因素。一个是球号 f：$f(\mathrm{a})=1$，$f(\mathrm{b})=2$，$f(\mathrm{c})=3$，$f(\mathrm{d})=4$，$f(\mathrm{e})=5$。一个是球的颜色 g：$g(\mathrm{a})=$白，$g(\mathrm{b})=$白，$g(\mathrm{c})=$白，$g(\mathrm{d})=$黑，$g(\mathrm{e})=$黑。给定因素 g 在因素 f 下的条件分布：

$$P(g=白|f=1)=1, P(g=黑|f=1)=0$$

$$P(g=白|f=2)=1, P(g=黑|f=2)=0$$

$$P(g=白|f=3)=1, P(g=黑|f=3)=0$$

$$P(g=白|f=4)=0, P(g=黑|f=4)=1$$

$$P(g=白|f=5)=0, P(g=黑|f=5)=1$$

现在对因素 g 做了一次观察,所得的结果是 $g(u)=黑$。假定因素 p 是均匀分布的,即 $P(f=i)\equiv 1/5$,应用贝叶斯公式,反过来计算出因素 f 在"$g(u)=黑$"下的条件分布:

$$P(f=1|g=黑)=P(f=1)P(g=黑|f=1)/\sum_i p(g=黑|f=i)P(f=i)$$

$$=(1/5)\times 0/[(0+0+0+1+1)/5]=0$$

类似地,有

$$P(f=2|g=黑)=P(f=3|g=黑)=0, P(f=4|g=黑)=P(f=5|g=黑)=1/2$$

原来的均匀分布现在变为(0,0,0,1/2,1/2)。均匀分布不提供任何信息,现在就不同了,若把零概率的相从相域中去掉,便有 $I(f)=\{d,e\}$,原来相的个数 $N=5$,现在 $N=2$ 了。N 减少了,选择的随机性就减少了,必然性就增大了。这就是随机性向确定性的一种转化。

例毕

贝叶斯原理的运用不是在事件层次上盲目求索,而是增加分布所携带的信息。这在实践中有很大的意义。假定这不是 5 个球而是 5 个犯罪嫌疑人,现在通过罪犯坐黑车这一证据,一下子就把嫌疑的圈子缩小了。贝叶斯原理是一种因果分析手段,其作用就是通过关键因素提供的证据而使决策变量的分布逐步减小随机性。这里再次强调:因果分析的核心思想是:不要在属性或事件层次上盲目费力,而要在因素和变量层次上作文章。贝叶斯先分析随机变量之间的分布,然后分析具体事件,这样的方法才有成效。

4. 联合分布转化为背景分布[16]

随机变量的概率分布是概率论研究的核心,随机变量的联合分布又是分布理论的核心。联合分布决定诸分量的边缘分布,也决定彼此间的条件分布,它蕴含着变量之间相互作用的全部信息,是相关性和因果性分析的依据。联合分布就是因素背景关系的随机化。

定义 2.13（背景概率分布）　若把一组因素 $f_1,\cdots,f_n$ 看作一组随机变量，则它们的联合概率分布列 $P=\{p_{i(1)\cdots i(n)}\}_{(1\leqslant i(j)\leqslant J,\ j=1,\cdots,n)}$ 叫作它们的背景分布列，常记为 $R=\{r_{i(1)\cdots i(n)}\}_{(1\leqslant i(j)\leqslant J,\ j=1,\cdots,n)}$。它们的联合分布密度 $p(x_1,\cdots,x_n)$ 叫作它们的背景分布密度，常记为 $\rho(x_1,\cdots,x_n)$。

当考虑实数相值的因素时，可以用联合分布密度代替分布列。借分布密度可以简明地表达一些基本公式。

设因素 ξ 和 η 分别具有分布密度 $p(x)$ 和 $p(y)$，它们的联合分布密度是 $p(x,y)$，用 $p(y|x)$ 表示 η 在 $\xi=x$ 时的条件分布密度，用 $p(x|y)$ 表示 ξ 在 $\eta=y$ 时的条件分布密度：

$$p_\xi(x)=\int_Y p(x,y)\mathrm{d}y,\quad p_\eta(y)=\int_X p(x,y)\mathrm{d}x \tag{2-15}$$

$$p(y|x)=p(x,y)/p(x),\quad p(x|y)=p(x,y)/p(y) \tag{2-16}$$

式(2-15)表示联合分布决定边缘分布，式(2-16)表示联合分布决定条件分布，这两组公式都具有对称性。其中，式(2-16)被称作双向推理分布公式。记

$$r=\int_X\int_Y(x-a)(y-b)p(x,y)\mathrm{d}x\mathrm{d}y$$

为 ξ 和 η 的线性相关系数，其中：

$$a=E\xi=\int_X xp(x)\mathrm{d}x,\quad b=E\eta=\int_Y yp(y)\mathrm{d}y$$

定义 2.14　称 ξ 和 η 相关，如果 $r\neq 0$。严格来说，ξ 和 η 线性相关。

定义 2.15　称 ξ 和 η 独立，如果

$$(\forall x)p(y|x)\equiv p(y),\quad (\forall y)p(x|y)\equiv p(x) \tag{2-17}$$

定义 2.16　称 ξ 和 η 独立，如果

$$p(x,y)\equiv p(x)p(y) \tag{2-18}$$

定义 2.15 和定义 2.16 是等价的。独立一定不相关，但不相关不一定独立。

当 ρ 只取 0、1 二值时，背景分布就回到背景关系。给定一个背景分布 $\rho(x_1,\cdots,x_n)$，称 $R_\lambda=\{x=(x_1,\cdots,x_n)\in I=I(f_1)\times\cdots\times I(f_n)\,|\,\rho(x_1,\cdots,x_n)\geqslant\lambda\}$ 为由背景分布所确定的 λ-背景集。条件因素 f 和结果因素 g 的背景分布就是它们的联合分布。设 f 和 g 的边缘分布分别是 p 和 q，即 $\sum_k r_{jk}=p_j$，$\sum_j r_{jk}=q_k$，记条件概率 $q_{jk}=p(g=y_k\,|\,f_i=x_j)$，有 $q_{jk}=r_{jk}/p_j$。

2.3.2 因素模糊集理论

1. 模糊落影理论

论域 U 在模糊集理论中是不加定义的名词,汪培庄教授却专门把 U 拿出来加以研究。若以年龄为因素,则“青年”这一概念的隶属曲线比较模糊,但若加上“面孔”和“精力”等因素,青年的隶属曲线不就比原来清晰多了吗?模糊数学所承担的任务应该促进模糊性与清晰性的相互转化。因素空间正是在这一目标驱动下于1982年正式提出来的。

模糊性是由于认知因素不充分而导致的概念划分的不确定性。20岁是否算“青年”?“青年”是一个模糊概念,在不同人的脑中有不同的外延,外延是集合,有人说“青年”是[18,25],有人说“青年”是[21,40]。国际上第一个相关区间统计试验是张南纶[17-19]的青年隶属度试验。他面向武汉建材大学、武汉大学和西北工业大学三校大三学生做问卷调查,让每人报一个青年的年龄区间,并把这些区间集中起来计算对各个年龄的覆盖频率,得到青年的隶属曲线,发现三校的青年隶属曲线十分相似。该试验第一次用心理测试证实了隶属度具有覆盖频率的稳定性。由此,张南纶试验开辟了区间统计的先河,这也是汪培庄教授提出模糊落影理论的先导。

随机试验模型是“圈圈固定,点子在变”,而张南纶模糊试验模型是“点子固定,圈圈在变”,这里的点子指的是某个特定年龄,如图2-9中的22岁。两种模型呈现出一种对偶性,而这在数学上,正是论域 D 与其幂 $P(D)=2^U$ 的关系。D 中的圈就是幂中的点,D 中的一点 d 可确定一个集合类 $d^{\wedge}=\{A|d\in A\subseteq D\}$,它是幂中的圈。这在数学上正好是论域(地)和幂(天)的关系。地上的模糊模型可以转换成为天上的随机模型,论域 D 中一点 d 对模糊集 A 的隶属度等于某个随机集 ξ 对的 d 的覆盖率:$\mu_A(d)=p(d\in\xi)$。ξ 叫作落成 A 的随机云。这就是模糊落影理论[14]的核心思想。

定理 2.2(隶属曲线与概率分布函数转换定理) 隶属曲线左(右)尾的表达式等于随机区间左右端点分布密度的左(右)分布函数。

根据这一定理,便可借助概率密度定出隶属曲线的尾型。主要有以下几种类型。

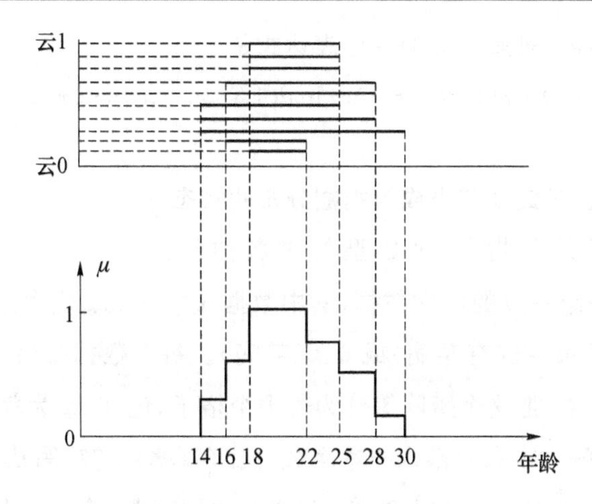

图 2-9　模糊集是随机云的落影

1）负幂型隶属曲尾

若分布密度是隶属曲线左(右)尾的分布密度：

$$p(x)=\theta/(x-a)^2,\quad x<a(x>a)$$

则隶属函数的左(右)尾表达式是

$$\mu(x)=c/(a-x),\quad -c<x<a-1/c$$
$$(\mu(x)=c/(x-a),\quad a+1/c<x<c) \tag{2-19}$$

2）负指数型隶属曲尾

若分布密度是隶属曲线左(右)尾的分布密度：

$$p(x)=\mathrm{e}^{-\theta(a-x)},\quad x<a$$
$$(p(x)=\mathrm{e}^{-\theta(x-a)},\quad x>a) \tag{2-20}$$

则隶属函数的左(右)尾表达式是

$$\mu(x)=c\theta(\mathrm{e}^{-\theta(a-x)}-1),\quad -1/\varepsilon<x<a-\varepsilon$$
$$(\mu(x)=c\theta(\mathrm{e}^{-\theta(a-x)}-1),\quad a+\varepsilon<x<1/\varepsilon) \tag{2-21}$$

其中，$c=1/\theta(\mathrm{e}^{-\theta\varepsilon}-1)$。

3）对数型隶属曲尾

若分布密度是隶属曲线左(右)尾的分布密度：

$$p(x)=\theta/(a-x),\quad x<a$$
$$(p(x)=\theta/(x-a),\quad x>a) \tag{2-22}$$

则隶属函数的左尾表达式是

$$\mu(x)=c(\ln\theta(1/\varepsilon)-\ln\theta(a-x)),\quad -1/\varepsilon<x<a-\varepsilon \tag{2-23}$$

其中，$c=-1/2\ln\varepsilon$。隶属函数的右尾表达式是

$$\mu(x)=c(\ln\theta(x-a)-\ln\theta(1/\varepsilon)),\quad a+\varepsilon<x<1/\varepsilon \tag{2-24}$$

其中，$c=1/2\ln\varepsilon$。

2. 负指数型/对数型应当成为模糊分布的常态

逻辑回归就是负指数/对数型的隶属曲线：设 $L=\{x_k=(x_{k1},\cdots,x_{kn};y_k)\}_{(k=1,\cdots,K)}$ 是一组平权的医学数据，其中数据 $x_{k1},\cdots,x_{kn}$ 代表第 k 个测试者的 n 种病理因素指标，$y_k=1$(有某病)或 0(无某病)。每个数据带着 $1/K$ 的概率落在 R^n 的一个超矩阵中，把这个矩阵等分为若干个格子，记 $f_{i1\cdots in}$ 为落入以 $i_1,\cdots,i_n$ 为足码的格子中有病样本点与落入样本个数之比(频率)，省略写成 f_i。在医学上把 $f_i/(1-f_i)$ 叫作似然比。在此请注意，对似然比取对数，令 $y_i=\ln f_i/(1-f_i)$，它在 n 维格子点上变化。要用一 n 维超平面来拟合它：设

$$y=\theta_1x_1+\cdots+\theta_nx_n-a=\theta x-a(\theta_1,\cdots,\theta_n;a)=\mathrm{Argmin}_\theta\sum\nolimits_i(y-y_i)^2$$

容易证明，所得的拟合隶属曲面的方程是

$$\mu(x)=\mathrm{e}^{\theta x-a}/(\mathrm{e}^{\theta x-a}+1) \tag{2-25}$$

$\mu(x)$ 叫作逻辑回归隶属曲面(也叫对数回归隶属曲面)。进行隶属回归的目的是根据隐参数 $\theta_1=(\theta_1,\cdots,\theta_n)$ 中各个分量的大小判断哪些病理因素重要，哪些不重要。逻辑回归是第一个但尚未被公认的隶属曲面，不被公认的原因是它的提出和应用者多为非专业人士，他们虽然没有把这种拟合曲面归入模糊隶属曲面，但却一致强调，涉及概念的是非判断时应该用此曲面，而这正是隶属曲面的特征。逻辑回归函数就是某类概念在特定性状空间上的隶属函数。在这方面，程奇峰博士[20]做了很好的工作。

3. 评分综合原则

主观性评分综合，几何平均优于算术平均，指数加权优于算术加权。这一原则的道理很深刻。现在，直觉模糊集、犹豫模糊集所用的评分决策就是这一原则。在数学上，它体现了值域的切换，在[0,1]区间上，两个小数点挤在一起做比较或运算，分辨率差，通过负对数变换，变换到 R^+ 上，分辨率就大大提高了。这里应用了结构元理论，但其意义远不止于此，它也是智能数学的一个重要工具。

4. 数学结构在幂上的提升

模糊落影理论使模糊集合论变为集合论在幂上的提升，这也是智能数学的基本特征。本部分集中介绍这方面的问题。

1) 幂格[14,21]

集合 S 的一切子集所成之集 $P(S)=2^S$ 叫作 S 的幂。S 的每个子集 A 在 $L=P(S)$ 中就变成一个点，用 A 来表示，最大的点是 S 自身，最小的点是空集 $\varnothing$。在幂上描述集合间的包含关系就得到一个序结构 $(P(S),\leqslant)$。$A\leqslant B$ 当且仅当 $A\subseteq B$。于是，$(P(S),\vee)$ 和 $(P(S),\wedge)$ 分别是一个上半格和一个下半格，满足以下定律。

(1) 交换律

$$A\vee B=B\vee A,\quad A\wedge B=B\wedge A$$

(2) 结合律

$$(A\vee B)\vee C=A\vee(B\vee C),\quad (A\wedge B)\wedge C=A\wedge(B\wedge C)$$

(3) 幂等律

$$A\vee A=A,\quad A\wedge A=A$$

进一步，可证明 $(P(S),\vee,\wedge)$ 是一个分配格，因为它还满足吸收律和分配律。

(1) 吸收律

$$(A\wedge B)\vee B=B,\quad (A\vee B)\wedge B=B$$

(2) 分配律

$$(A\vee B)\wedge C=(A\wedge C)\vee(B\wedge C),\quad (A\wedge B)\vee C=(A\vee C)\wedge(B\vee C)$$

D 中任意子集 A 都有余集 A^c，余运算在幂格 L 中确定一个一元运算“c”，进一步可证明 $(P(S),\vee,\wedge,^c)$ 是一个 Hayting 代数或软代数，因为它满足对偶律和 De Morgan 律。

(1) 对偶律

$$(A^c)^c=A,\quad (\varnothing^c=S,S^c=\varnothing)$$

(2) De Morgan 律（逆向对合性）

$$(A\vee B)^c=A^c\wedge B^c,\quad (A\wedge B)^c=A^c\vee B^c$$

最终可证明 $(P(S),\vee,\wedge,^c)$ 是一个布尔代数，因为它满足排中律。

$$A\vee A^c=S,\quad A\wedge A^c=\varnothing$$

$(P(S),\vee,\wedge,^c)$ 与布尔代数 $(P(S),\cup,\cap,^c)$ 在映射 $A\mapsto A$ 下是同构的。

S 中的单点集也是幂中的元。在 S 中，除空集外它们没有任何真子集，故在幂中称为次小元，记为 $P_0(S)=\{\{x\}\mid x\in S\}$，它与 S 同构。为了简单，将 $\{x\}$ 写成 x。

2) 序结构在幂上的提升

给定完备有序集 $(L,\geqslant)$，序 $\geqslant$ 在其幂格 $P(L)$ 中诱导出一个序关系，记作 $\gg$：

$A \gg B$当且仅当对任意$a \in A$都有$b \in B$使得$a \geqslant b$。

容易证明关系"$\gg$"满足反身性和传递性，但不满足反对称性。为了使反对称性成立，必须给出一个等价关系：$A \approx B$当且仅当$A \gg B$且$B \gg A$。按此等价关系，整个幂$P(L)$被分类而得其商空间：

$$P'(L)=P(L)_{/\approx}=\{[A]=\{B|B\approx A\}|A\in P(L)\}$$

在商空间中采用同样的序关系，于是$(P'(L),\gg)$构成一个偏序集，叫作$(L,\geqslant)$的提升。这种提升带有明显的倾向性，$B\gg A$意味着从大往小看，B的后劲比A大。如果用L的逆序$\leqslant$来做提升，即考虑$(L,\leqslant)$的幂，所提升的关系记作$\ll$，所得的商空间$P''(L)$不能等同于原来的商空间$P'(L)$。尽管$(P''(L),\ll)$也是一个偏序集，但是"$\ll$"不能被视为"$\gg$"的逆序：$\ll\neq(\gg)^{-1}$。

记$x\uparrow=\{y\in F|y\geqslant x\}$为$x$的下幂弹，其形象像一个头朝下的炮弹。易见，若$y\in x\uparrow$且$y\in x\uparrow$，则$y\wedge z\in x\uparrow$，故$x\uparrow$是下定向集；易见，若$y\in x\uparrow$且$z\geqslant y$，则$z\in x\uparrow$，故$x\uparrow$是上满集，从而$x\uparrow$是滤。

3）天地对应存在唯一性定理

由前述的超拓扑，生成多种超可测结构，它们在天上形成多种随机集，再按不同方式落到地上而形成多种主观性的非可加测度。其中包括现在流行的4种测度：信任测度(belief)、似然测度(plausibility)、反信任测度(anti-belief)和反似然测度(anti-plausibility)。它们的定义很复杂，但用随机落影理论来定义却极为简单，如图2-10所示。

假设H是在2^D上定义的一个σ-域，对于D的任何子集A，记

$$A_{\circ}=\{B|B\subseteq A\},\quad A^{\circ}=\{B|A\subseteq B\},\quad A_{\circ}^{c}=\{B|B\notin A_{\circ}\},\quad A^{\circ c}=\{B|B\notin A^{\circ}\}$$

其中，$A_{\circ}$和A°分别是A的理想和滤。

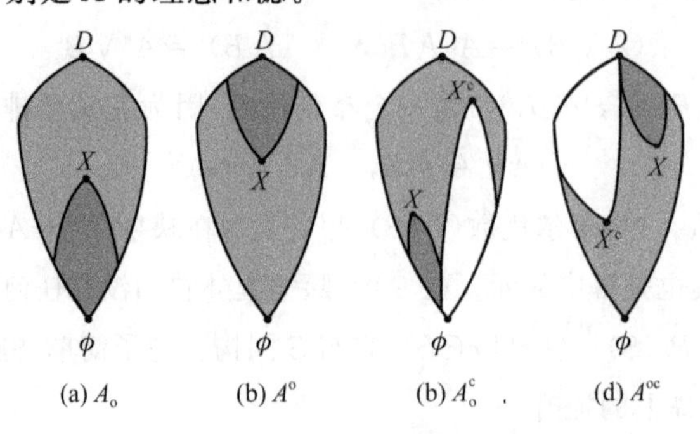

图2-10　幂上的集模块

定义 2.17 设 p 是在 H 上的概率,记

$$\mu_{BL}(A)=p(A^{\circ}),\quad \mu_{PL}(A)=p(A_{\circ}^{c})$$

$$\mu_{APL}(A)=p(A_{\circ}),\quad \mu_{ABL}(A)=p(A^{\circ c}),\quad A\in 2^{D} \tag{2-26}$$

它们分别被称为 2^D 上的信任、似然、反似然和反信任测度。不难验证,它们都不再具有概率的可加性,因此被称为非可加性测度,是主观性度量的产物。模糊测度也被包括在其中,是一种反似然测度。模糊落影理论不仅给出了4种非可加测度的简明定义,而且对每一种测度证明了在天上存在着唯一确定的概率分布来实现对这种测度的落成。

定理 2.3(天地对应存在唯一性定理)[14] 任意给定一种复杂定义下的非可加性测度 μ(BL、PL、ABL 或 APL),在 H 上必有且只有一个概率 p,使下落关系式(2-25)成立。

没有天地对应存在唯一性定理,模糊集合论和 Dempster-Shafer 的证据理论在实践应用中都失去了坚固的基础。

2.3.3 因果革命

人工智能的视野永远锁定在不确定性上。有无不确定性、能否处理不确定性是鉴别人工智能的重要标志。人工智能处理不确定性现象的本质是对不确定性进行因果分析。不确定性中存在着必然性的因果律吗?什么理论能描述这种规律?实际上,概率就是随机性中隐藏的广义因果律,因素空间是偶然性向必然性转化的平台,因素概率论能描述这种因果律。隶属度就是模糊性中隐藏的广义排中律,因素空间也是模糊性向清晰性转化的平台,因素模糊集能描述这种排中律。

汪培庄教授认为,因素概率论是对柯尔莫哥洛夫概率理论的复原,这位伟大的数学家是因素空间思想的鼻祖,他把随机变量定义成可测映射时,就已认定了一个因素空间,来实现偶然性向必然性的转化。现有的概率统计理论本来就是随机现象中的因果分析的工具,只是被皮尔逊在一百年前写入禁令罢了。

1. 皮尔逊对讨论因果关系的禁令

皮尔逊是数理统计的创始人,他和他的老师高尔顿曾经把数理统计视为对随机现象进行因果分析的工具。例如,以父亲身高为条件求儿子身高的条件分布呈明显的正相关,这就说明,若父亲是高个子,则儿子多半也是高个子,若父亲是矮个

子,则儿子多半也是矮个子,这是一种不确定性的因果论。上个世纪初,在数理统计中曾经出现过一次有关遗传回归的争论。对父子身高的相关性分析进一步发现,就高斯分布而言,用儿子身高的条件期望值形成父亲身高的直线,叫作父对子身高的期望轴,这条轴并不是高斯联合分布相关椭圆的主轴,而是一种旋转。从椭圆主轴到期望轴形成了一个有向角,用这个有向角表示这种旋转,则这种旋转是回归到自变量轴(父身高轴)的,这就是所谓的遗传回归性。“身高遗传是否具有回归性”这一问题引发了一场不小的争论。

其实,通过期望轴的偏转来支持遗传回归论的方法是一种伪证,因为任何正相关的变量都具有这一偏转的数学性质。反对遗传回归论的学者把父子两轴互换,以儿子身高为条件求父亲身高的条件分布,一样可以得到父亲的条件期望线向儿子身高轴回归。难道儿子可以向父亲遗传吗?这本来是对反驳伪证的一个有力支援,但是,皮尔逊却极其意外地发布了一条禁令:禁止学者们在数理统计中继续探讨因果性问题。自此以后,在数理统计甚至整个概率论领域,这个不确定性因果学科竟与“因果性”三字断交。

论战必须使用概率和统计的语言,就离不开随机变量的条件分布,离不开条件分布的双向推理公式。但在高尔顿和他的学生皮尔逊眼里,正向推理是天使,是数理统计所要挖掘的因果性真谛,而每个这样的推理在数学上都伴随着一个逆向推理,这些逆向推理是假的因果,是装扮天使的魔鬼。在关键时刻,一个有利于他们揭穿伪命题的怪物的出现使他们感到自己陷入一种荒诞的怪圈,于是他们挂起免战牌,使这个最有可能深入研究因果性的科学领域成了因果性研究的禁区,至今仍制约着数理统计和人工智能的发展。

2. 珀尔的“因果革命”论[22]

图灵奖得主 M. 珀尔于 2019 年出版了《为什么:关于因果关系的新科学》一书,引起了人工智能界的高度重视。他高举起“因果革命”的旗帜,批判了皮尔逊对因果性的禁令,指出因果推断是人类与生俱来的思维能力(儿童从小就到处问为什么),现代科学不是发扬而是泯灭因果推断,他要进行一场新的科学革命。

珀尔强调人工智能的本质是因果性的运用。因果性的智能模式应该是重理解、小数据、大任务,而现在的人工智能却是不求理解、大数据、小任务,不是用思想支配数据而是让数据掩埋思维,因此他要改变人工智能研究的模式,提出了因果性研究的 3 个阶梯:第一层是研究关联与相关,这就是统计学和人工智能现行的广义因果性研究；第二层是干预，他说的干预是指，在甲与乙的相关性之间常常混杂着第三者丙的影响，干预就是要剔除丙的影响以求得甲与乙的真正关系；第三层是反事实推理，他认为数据是事实的记录，现有的机器学习是把学习和推理局限在事实的世界里，但是人脑的思维能够跳出事实进行假想，他的反事实推理就是要把人工智能引向思维的自由天地。这 3 个阶梯被他解释为观察、行动和想象。珀尔在哲学上作了很多思考，在数学上提出了与知识图谱不同的图模型，并配之以结构方程的研究，力图把图灵测试提升为因果测试，使机器的智能由弱变强。

3. 皮尔逊犯错误的主要原因是什么？

有学者提出以子对父身高的条件期望来否定身高遗传回归，明明是正面之举，为什么会引起皮尔逊的慌乱呢？因为皮尔逊只承认狭义的因果论而不承认广义的因果论。什么是狭义的因果论呢？日出则鸡鸣，这是狭义的因果，反过来，鸡鸣则日出，这是广义的因果。狭义因果是真的，是因制造或生成了果，广义因果不一定具有这种真实性，但却具有逻辑意义。太阳虽然不是由鸡呼唤出来的，但若有鸡鸣则必有日出，二者之间有逻辑联系。

人们不应排斥广义的因果论，否则，逻辑学的应用就要受到阻难；从效用上说，“日出则鸡鸣”只是一句大实话，但“鸡鸣则日出”却是在钟表出现之前人类生活的重要预报。佛家强调互为因果，就是不搞狭义因果论而主张广义因果论。这一点对于西方机械唯物论的皮尔逊来说是很难接受的。在概率论中，甲乙两个随机变量的联合分布既决定了甲对乙的条件分布，也决定了乙对甲的条件分布，在数理统计中处处都出现两个相反的条件分布。皮尔逊把狭义因果当作天使，把广义因果当作欺诈的魔鬼，因此他经常陷于迷茫，竭力回避对双向条件分布做出合理的因果解释，一旦有人把这一忌讳的论题用在最尖锐而现实的学术争论上，他便惊慌失措地发布这种反常的禁令。

4. 珀尔从什么角度反对皮尔逊的禁令？

若珀尔没有从改变对广义因果的歧视这一根本原因上纠正皮尔逊的错误，就不可能正确评估概率论与数理统计在因果分析方面所起的历史作用。

珀尔抹杀了概率论与数理统计在因果性分析方面的核心地位，他提出的因果性革命就是要在现有概率论与数理统计框架之外另起炉灶，这就使人们对他是否能实现这种革命产生怀疑。他所写的书深入浅出，引人入胜，但是，他所提出的方法却十分离谱，缺乏数学的严谨性。尽管人们将其视为珍宝，但却难以跟进。

5. 怎样进行因果革命?

1) 因果分析的思想核心

因果分析的思想核心不是从属性或状态层面孤立、静止地寻找原因,因素非因,乃因之素,只有从因素层次上,才能找到最佳的原因。从找原因到找因素是人脑认识的一种升华,也是因果性科学的思想核心。

现在的人工智能领域还普遍地纠结属性状态层的论事习惯,在某些词义上混淆了因素层与属性层,其中最需要强调的是"关联"与"相关"。

2) 属性关联和因素相关

属性关联和因素相关是互反的两个概念。

定义 2.18 如果属性 a 和属性 b 在两个场景中同时出现,则称属性 a 和 b 之间有关联。

例如,某年月日,哈尔滨的气温降至零下 20 摄氏度,下了大雪,"低温"与"大雪"这样两个事件同时同地发生,则称之有关联(相对于一定时空),它们在哈尔滨于某年月日实现了搭配。

属性是因素的相,因素把每个对象映射成相域中的一个相,在严格意义下,同相域中有且仅有一个相出现,故同因素的相之间不能关联,除非是模糊相才另当别论。不同因素的相可以发生关联。

定义 2.19 如果因素 f 和 g 的背景关系 R 不能充满它们相域的笛卡儿乘积空间,即 $R \neq I(f) \times I(g)$,则称因素 f 和 g 是相关的。

命题 2.3 f 和 g 是相关的当且仅当它们的相之间不能自由关联。

证明 若 f 和 g 相关,则 $R \neq I(f) \times I(g)$,这意味着存在 $a \in I(f)$ 和 $b \in I(g)$ 使 $(a,b) \notin R$。背景关系 R 的定义是 f 和 g 的相之间实际存在的关联组合,或称属性搭配。存在 $(a,b) \notin R$ 就意味它们的相之间不能自由关联、自由搭配。

证毕

气温与降雨量是相关的,意味着高温需与高降雨量搭配,高温与低降雨量搭配的可能性很小。能自由关联的因素之间一定不相关,命题 2.3 说明了属性关联和因素相关是互反的两个概念。基于这个理由,本书建议"关联性"一词只用在属性或相的层面,不要用在因素层面;"相关性"一词只用在因素层面,不要用在属性或相的层面。

关联是属性层次的内容,就像小学算术只对固定的数进行运算一样,对属性

(状态或事件)分析因果是低级的,难以抓到本质。就像代数用变量代替定数一样,因素空间用广义的变量代替属性,才能谈论因果。因素空间反对用关联代替因果,只有排他性的关联才有可能化为因果。注意:关联不是相关。

3) 相关性决定因果性

因素既然是因果分析的要素,因素空间就是因果分析的主要平台。

因果分析空间是一个因素空间$(D,F=\{f;g\})$,其中的因素 f 和 g 分别叫作因因素和果因素,或称条件因素和结果因素,f 和 g 可以是复杂因素。

因果分析由因果归纳和因果推理两部分组成,其中因果归纳体现了认知的能动部分,而因果推理偏重于逻辑推理。由背景关系决定一切推理知,$P(x)\to Q(y)$ 是恒真句当且仅当

$$(P\times Y)\cap R\subseteq(X\times Q)\cap R$$

这里,背景关系 R 起着至关重要的作用。如果 $R=X\times Y$,则因素 f 和 g 互不相关,此时,$P(x)\to Q(y)$是恒真句当且仅当 $Q=Y$。对于条件因素 f 的任何信息 P,结果因素 g 的信息都是 Y(大白话或零内涵)。这说明无关因素之间不存在因果联系,所以,相关性决定因果性。

因果性必须从概率统计的相关性理论中去发掘。用概率论方法可以在条件因素和结果因素的联合分布中求得广义的因果关系,而狭义因果(真因果)必藏在广义因果之中,从广义因果中甄别出谁是真因果是十分简单的事情。

基于这些考虑,汪培庄教授提出了实现珀尔因果革命的方法——因果三角化解。

4) 因果三角化解

称$[f_1,f_2;g]$为一个因果三角,如果 f_1、f_2 是两个条件因素而 g 是一个结果因素。

在每个时刻都暂时锁定目标,只是多对一地考虑因果。而多个条件总可以先简化为二。所以,因果三角就是两因一果的思考模式,怎样进行分析和化解?

化解原理1 理想因果三角:f_1 与 f_2 不相关。

先要单独考虑各个条件因素对结果因素的影响,设 x_1、x_2 和 y 分别表示 f_1、f_2 和 g 的变量,则 f_i 对 g 的影响可由条件数学期望来表示:

$$y=h_i(x_i)=E(y|x_i),\quad i=1,2 \tag{2-27}$$

这里,h_1、h_2 分别叫作 f_1、f_2 对 g 的影响曲线。由于 f_1 与 f_2 不相关,则两个条件

因素对 g 的影响就是两个影响曲面的加权求和：

$$y=h(x_1,x_2)=\lambda_1 h_1(x_1)+\lambda_2 h_2(x_2) \tag{2-28}$$

权重 λ_1、λ_2 由两因素对 g 的决定度而定。

化解原理 2 非理想因果三角：f_1 与 f_2 相关。

当 f_1 与 f_2 不独立时，考虑 $f_1'=f_1-f_1\wedge f_2$ 和 $f_2'=f_2-f_1\wedge f_2$，易证 f_1' 与 f_2' 不相关，于是非理想三角就化成理想三角。$f_1'=f_1-f_1\wedge f_2$ 在实际中很难实现，但其思想是：要求得 f_1 对 g 的真正影响，必须消除 f_2 的影响。可行的办法是：固定 f_2 的值，只让 f_1 变化，这时 g 的变化就单纯归因于 f_1 了。若存在二元函数 $y=g(x_1,x_2)$，而 x_1、x_2 和 y 分别是因素 f_1、f_2 和 g 的相值。则 g 对 x_1 求偏导数，就是把 x_2 当作不变的常数而单独看 x_1 对 y 引起的边际效应。

化解原理 3 从广义因果到狭义因果。

先通过联合分布求得双向推理句，再从其中判别谁是狭义因果。考察有无过程先后（先者是否生成后者）、格局次序（先大后小）、选举层次（先下后上）。

2.4 本章小结

因素是因果分析的要素，是信息的提取剂，是广义的变量，是广义的基因，是信息科学与智能科学的基元，是智能网络时代的数学元词，是概念的划分和编码器，是知识增长的表达器，是智能孵化的沉淀剂，是数字化的标准绳。汪培庄教授所创立的因素空间（FS）理论为思维与事物描述提供了普适性框架，是信息、智能科学的数学基础。

任何数据都带有因素的烙印，数据智能化离不开因素空间的平台。通过数据进行评价与决策，其根基要向因素空间理论回归。形式概念分析（FCA）和粗糙集（RS）二支是数据库数据挖掘的引领者，它们和因素空间同在 1982 年诞生。因素空间的提出原来致力于模糊集合论向智能数学的提升，包含模糊落影理论，学者们证明了模糊测度和证据理论提出的 4 种主观性测度（信任、似然、非信任、非似然）的天地对应存在唯一性定理，在实践上跻身于模糊推理机和模糊计算机的国际研究前沿。2012 年，因素空间回归数据软件领域，与 FCA 和 RS 合流，FS 继承和发扬了形式背景的思想，强调了背景关系和背景基。FS 为 RS 模的样本模提供了母体理论。RS 理论中的属性名就是因素，它涉及了因素却没有深挖。RS 在属性名 f 和 g 之间没有建立背景关系 R 的概念，R 是指 f 和 g 之间在属性值搭配上出现的限制，不提这种限制就意味着 $R=I(f)\times I(g)$，由命题 2.2 知，这就意味着 $f\vee g=\mathbf{0}$，也就是说，两个属性名是不相关的。不相关的因素之间不存在有意义的因果律，这一概念的缺失限制了 RS 对属性作因果分析的自由，因素空间可以帮助 RS 弥补这一缺陷。

因素空间是认知与谋行的工具箱，它能将智能生成的统一机制落实到各行各业，开展知识孵化的全民工程，为国家的数字化贡献力量。

图灵奖得主 M. 珀尔于 2018 年出版的《为什么：关于因果关系的新科学》一书，批判了概率统计的鼻祖皮尔逊在一百年前对因果性的禁令，他要进行一场新的科学革命。珀尔的这一呼唤是正当的，但他没有真正找到皮尔逊的错误根源：只承认狭义的因果律而反对广义的因果律。珀尔带着同样的观点去反对皮尔逊，只能半途而废。因素空间理论能够正确处理这一问题，并能提出正确的因果数学理论。

第3章　因素空间的决策理论

李洪兴教授和汪培庄教授一起创立了因素空间理论,他对决策与评价理论有独特而重要的贡献。他把决策看作一个因果决断的过程。把条件因素作为判据之因,把概念作为决断之果,这样的描述颇具概括性:决策是选择方案,备择方案是概念;决策是判断类别,备选的类别也是概念。目标概念可实可虚,虚实转换是一件很自然的事情,如兵家作战,心目中所酝酿的作战方案是实实在在的,但都可虚化为上策、中策和下策。目标可被虚化成一串有序概念,可以用实数轴上的数、区间或模糊数来表示,若放在[0,1]区间上,也可被视为满意度、隶属度或逻辑真值。于是,决策就变成了评价或打分。在人脑活动中,评价是决策前的预测环节和行动后的反馈环节,但从数学上看,这些都可以合二为一。

本章介绍李洪兴教授的决策评价理论。3.1 节介绍基于反馈外延的决策方法,3.2 节介绍变权综合评判。

3.1　DFE 决策

基于反馈外延的决策方法(Decision Making Based on Feedback Extension)是以因素空间为理论依据的合理且可视的概念型决策理论。

3.1.1　最大隶属原则

$(U,C,\hat{A})$是一个模糊概念描述架，其中 U 是论域，$\hat{A}=\{A_1,\cdots,A_n\}$是 U 上的一组模糊集的集合，C 是能用 F 中模糊集作为模糊外延的一组概念集合。判断 U 中的对象 u 是否属于 C 中的概念 A，这样的决断就叫隶属决策。

1. 隶属决策的第一种形式

给定一个对象 u_o 和一组概念 $C_1,\cdots,C_n$，它们的外延是 $A_1,\cdots,A_n$，要知道 u_o 属于哪个概念，则要计算：

$$i^*=\underset{i}{\mathrm{Argmax}}\{A_i(u_o)\,|\,i=1,\cdots,n\} \tag{3-1}$$

其中，$A_i(u_o)$是 u_o 对 C_i 的隶属度。决断：u_o 属于第 i^* 个概念 C_{i^*}。这也是最大隶属原则的第一种形式。

2. 隶属决策的第二种形式

给定一个以 A_o 为外延的概念 C_o 和一组对象 $u_1,\cdots,u_n$，要知道哪个对象属于概念 A_o，则要计算：

$$i^*=\underset{i}{\mathrm{Argmax}}\{A_o(u_i)\,|\,i=1,\cdots,n\} \tag{3-2}$$

决断：u_o 属于第 i^* 个概念 C_{i^*}。这也是最大隶属原则的第二种形式。

隶属决策是因素决策的基础，进行因素决策还需要出提判据，使其更具合理性和可视性。

3.1.2　概念的表现外延与反馈外延

以人事部门为例，某单位为了决定人事升迁，需要进行个人业绩评估。评估结果是将所属人员归入甲、乙、丙、丁 4 个等级。进行这一评估一定要先有判据，例如，业务能力、工作态度、工作资历等，这些都是因素，叫作判据因素。判据因素要足够多，但不是越多越好，太多会流于形式，使计算量过大；判据因素可以细分，但不是越细越好，太细的话，评价人会感到厌倦，并且计算量还是过大。最后，不能再细分的因素叫作元判据因素。设 $F=\{f_1,\cdots,f_n\}$是元判据因素集，则 $X=X(f_1)\times\cdots\times X(f_n)$ 叫作判据空间，其中 $X(f_j)$ 是因素 f_j 的相域。X 中的点记为

$\boldsymbol{x}=(x_1,\cdots,x_n)$，其中 $x_j\in X(f_j)(j=1,\cdots,n)$。

判据空间是诸判据因素相域的笛卡尔乘积空间；它并不包括目标因素的相域。人事评估的目标因素是 g="人事级别"，它的相域是 $X(f_j)=\{$甲、乙、丙、丁$\}$，其中每个等级都是一个概念，概念 α_i 在 U 上的外延都是一个模糊(或清晰)子集 A_i。

把人员在判据因素下的表现视为因，把评价等级视为果，决策便是一个合理的因果决断过程。

定义 3.1[23] 对每一元判据因素 f_j，记：

$$B_{ij}(\boldsymbol{x})=\bigvee\{f_j(A_i(u))\mid f_j(u)=x_j(j=1,\cdots,n)\} \tag{3-3}$$

B_{ij} 叫作概念 α_i 在判据空间 X 中相对于因素 f_j 的表现外延，这里 $\bigvee$ 是取极大值的运算，记：

$$B_i=B_{i1}\cap\cdots\cap=\bigvee B_{in}$$

B_i 叫作概念 α_i 在判据空间 X 中的表现外延。

式(3-3)实际上就是 Zadeh 的扩展原理。

定义 3.2[23] 给定概念 α_i 相对于元判据因素集 F 的表现外延 B_i，记：

$$F^{-1}B_i:U\rightarrow[0,1]$$

$$F^{-1}B_i(u)=\bigvee\{B_i(\boldsymbol{x}))\mid f_j(u)=x_j(j=1,\cdots,n)\} \tag{3-4}$$

$F^{-1}B_i$ 叫作 α_i 在论域 U 中的反馈外延。

命题 3.1[23]

$$F^{-1}(FA_i)\supseteq A_i$$

$$F(F^{-1}B_i)\subseteq B_i \tag{3-5}$$

该命题说明，反馈外延并不是概念在论域中的外延而是其外包络。

记 $A_i^{\wedge}=F^{-1}(FA_i)$，命题 3.1 说明 $A_i^{\wedge}\supseteq A_i$，$A_i^{\wedge}$ 并不是概念 α_i 在论域 U 中的外延而是外延 A_i 的外包络；记 ${}^{\wedge}B_i=F(F^{-1}B_i)$，命题 3.1 说明 ${}^{\wedge}B_i\subseteq B_i$，${}^{\wedge}B_i$ 并不是概念 α_i 在相空间 X 中的表现外延而是表现外延 B_i 的内包络。

命题 3.2[23] 设 $F'\supseteq F$ 是比 F 更细的一个元判据因素集，则其反馈外延：

$$F^{-1}(FA_i)\supseteq F'^{-1}(F'A_i) \tag{3-6}$$

元判据因素越细，外包络就收缩得越紧，形成由外而内的一种逼近，如图 3-1 所示。因素空间的内外包络逼近与粗糙集的内外近似有异曲同工的作用。

有了判据空间，目标概念就从它的反馈外延过渡到了表现外延：一般而言，在 U 中的反馈外延是不可视的，而表现外延却是可视的。

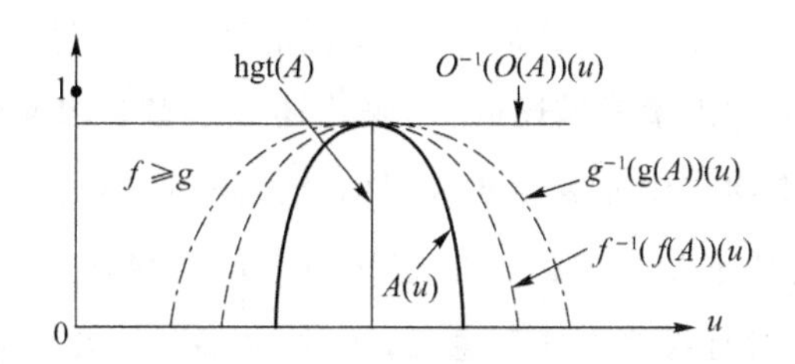

图 3-1　反馈外延对外延的逼近

之所以说判据空间可视，是因为每个判据元因素的相域比较简单，都可嵌入 $[0,1]$ 区间，于是，X 便嵌入一个 n 维立方体 $[0,1]^n$。

表现外延的论域就是判据空间，表现外延的隶属度就是判据因素的相值，不同的相值把判据空间 $[0,1]^n$ 分成了许多 n 维格子。每个目标概念都是若干个格子的并，便于直观想象，这就是表现论域的可视性。可视性背后的引线就是因素划分。

3.1.3　元判据因素之间的背景关系

元判据因素之间不一定是相互独立的而通常是相关的，它们在 X 中的样本点不会均匀分布。设有一个可用的数据集（如开源的数据集）：

$$R=\{\boldsymbol{x}\in X \mid \exists u\in U; f_j(u)=x_j(j=1,\cdots,n)\} \tag{3-7}$$

它记录了元判据因素在 X 中的分布。

3.1.4　DFE 决策描述架

概念是人脑思维活动的基础，是知识形成的基本要素。概念的描述有以下 3 种方式。

① 内涵方式：用于指明一个概念所具有的本质属性。

② 外延方式：用于指明符合某概念的全体对象所形成的范畴。

③ 概念结构：用于从概念与概念的相互联系中说明一个概念。

经典集合论可以描述清晰概念的外延，而模糊集合论能描述一般概念（无论清晰与否）的外延却不能很好地解决论域的选择和变换这一重要问题。因此，概念内涵的表达一直是数学研究的一块"禁地"。要说清楚它，还得用因素空间。

概念的内涵是通过因素来描述的，用来描述一个概念内涵的因素就是它的内涵因素。因素是把事物转化为属性或效用信息的映射，但每个因素都只能映射一定的事物，能被映射的事物形成因素的定义域。定义域就是对因素映射的制约。例如，因素"身高"只对有身之物才有意义，而对《贝多芬第九交响曲》没有意义。

定义 3.3[23] 称$(U,V]$为一个左配对，如果V中的每个因素对U中的每个对象都有意义。

左配对是从定义范围U上对因素研究所加的一个大限制。一个因素空间的因素集F都必须是V的子集。

称因素空间(U,F)能描述一个概念α，如果它的内涵因素都在F中。

定义 3.4[23] 称三元组$(U,C,F]$为一个 DFE 决策描述架，如果$C=\{\alpha_1,\cdots,\alpha_n\}$是因素空间$(U,F)$所能描述的一组概念。

3.1.5 综合评价与综合函数

汪培庄教授在 1980 年提出了综合评判的数学模型，指出评价必须依靠因素，评价都是基于单因素评价的多因素综合评价，他最早提出了多因素加权平均的 WA 算子[24]。李洪兴把 WA 扩展为一种判决函数，他认为从单因素评价到多因素评价是一个认知综合的过程，是评价问题中的一个核心环节，他定义了可加性标准多因素评价综合函数(Additive Standard Multifancorial function，ASM-function)。

定义 3.5[25] 一个 ASM 函数是一个映射$M_n:[0,1]^n\rightarrow[0,1]$，满足以下 3 条公理。

M1 $(x_1,\cdots,x_n)\leqslant(y_1,\cdots,y_n)\Rightarrow M_n(x_1,\cdots,x_n)\leqslant M_n(y_1,\cdots,y_n)$。

M2 $x_1\wedge\cdots\wedge x_n\leqslant M_n(x_1,\cdots,x_n)\leqslant x_1\vee\cdots\vee x_n$。

M3 $M_n(x_1,\cdots,x_n)$对每个自变量而言都连续。

常见的 ASM 函数有

$$\mathrm{ASM}_{n1}(x_1,\cdots,x_n)=x_1\wedge\cdots\wedge x_n$$

$$\mathrm{ASM}_{n2}(x_1,\cdots,x_n)=x_1\vee\cdots\vee x_n$$

$$\mathrm{ASM}_{n3}(x_1,\cdots,x_n)=\sum a_jx_j,\quad a_j\geqslant 0,\sum a_j=1$$

$$\mathrm{ASM}_{n4}(x_1,\cdots,x_n)=\sum a_j \wedge x_j,\quad 1\geqslant a_j\geqslant 0$$

$$\mathrm{ASM}_{n5}(x_1,\cdots,x_n)=\vee\,(a_j \wedge x_j),\quad 1\geqslant a_j\geqslant 0$$

$$\mathrm{ASM}_{n6}(x_1,\cdots,x_n)=(\prod x_n^p)^{1/p},\quad p=1,2,\cdots$$

上述的前 5 个函数还满足下面一条性质：

M4　对任意正整数 n 和 r，存在 M_r，M_{n-2} 和 $M_2(x_1,\cdots,x_n)$，使

$$M_n(x_1,\cdots,x_n)=M_2[M_n(x_1,\cdots,x_n),M_{n-2}(x_1,\cdots,x_n)] \tag{3-8}$$

性质 M4 说明因素相值的综合运算具有迭代性。

在实际应用中，常把 $\boldsymbol{x}$ 称作 ASM 函数。

3.1.6　DFE 决策算法

用判据因素划分出来的格子块表示目标概念的可视外延，再通过反馈外延从外向内，用外包络紧逼概念的外延，这样形成的隶属决策就是李洪兴教授所提出的基于反馈外延的决策算法：

步骤 1　建立描述架$(U,C,F]$；

步骤 2　建立 C 中概念的表现外延的模糊表示式（必要时，做内外近似逼近）；

步骤 3　建立 ASM 函数；

步骤 4　输入被判对象 u，根据 ASM 函数按最大隶属原则做出判断。

例 3.1（考试优选问题）　考虑在 3 个优秀学生候选人张三、李四、王五中决定最后的中选者，3 名学生的考试成绩如表 3-1 所示。

表 3-1　考试成绩

姓名	数学	物理	化学	外语
张三	86	91	95	93
李四	98	89	93	90
王五	90	92	85	96

步骤 1　取 $U=\{u_1,u_2,u_3\}$，$u_1=$张三，$u_2=$李四，$u_3=$王五；$C=\{\alpha=$优秀考生$\}$，$F=\{f_1=$数学成绩，$f_2=$物理成绩，$f_3=$化学成绩，$f_4=$外语成绩$\}$。

步骤 2　对所有考试都按成绩写出其表现外延的表达式。对 4 个判据因素都采用同一隶属函数：

$$B(f_j)(x)=\begin{cases}1, & 90\leqslant x\leqslant 100\\ \dfrac{x-80}{10}, & 80\leqslant x<90\\ 0, & 0\leqslant x<80\end{cases}$$

由此得出考生对诸因素表现外延的隶属度,如表 3-2 所示。

表 3-2 考生对诸因素表现外延的隶属度

u	$B(f_1)(x)$	$B(f_2)(x)$	$B(f_3)(x)$	$B(f_4)(x)$
u_1	0.6	1	1	1
u_2	1	0.9	1	1
u_3	1	1	0.5	1

步骤 3 求出 ASM 函数,取四维三角模为乘积算子,即

$$\mathrm{ASM}(u_i)=T_4(b_1,b_2,b_3,b_4)=b_1b_2b_3b_4$$

此处 $b_j=B(f_j)(x_{ij})$,而是 u_i 在因素 f_j 下的考分。

步骤 4

$$\mathrm{ASM}(u_1)=0.6\times1\times1\times1=0.6$$

$$\mathrm{ASM}(u_2)=1\times0.9\times1\times1=0.9$$

$$\mathrm{ASM}(u_3)=1\times1\times0.5\times1=0.5$$

按最大隶属原则,判 u_2(李四)为优秀考生。

例毕

3.2 变权综合评判

3.2.1 变权的思想起源

汪培庄教授在 1985 年提出了变权的思想[14]。以一个工程项目为例,设 $X(f=$必要性$)=[0,1]$;$X(g=$可能性$)=[0,1]$,这两个判据因素缺一不可,二者都是不可约简的因素。决策者的权重偏好会该随着因素的取相(状态)而发生自然的改变:当必要性的相值 x 很大而可能性的相值 y 很小时,在 $\mathrm{WA}=w_1x+w_2y$

中，就无需再强调必要性而忽略可能性；若是反过来，则需要多注意可能性而少考虑必要性，把权重 w_1 适当降低而把权重 w_2 适当提高，因此，权重不应是不变量，它应该是随着诸因素的相值不同而不同的。这就是变权综合的原始思想。

3.2.2　权衡函数

李洪兴教授对变权决策与评价做了一系列的工作，内容丰富。这里只做非常简略的介绍。他首先对第 3 型综合函数（AW）做了变权化的处理，继而定义了激励和惩罚变权向量和均衡函数，建立了变权向量的公理化定义和权衡函数。

1. 变权向量的公理化定义

定义 3.6[26]　称 $\boldsymbol{S}_x=(S_1(\boldsymbol{x}),\cdots,S_n(\boldsymbol{x}))$ 为一个变权向量，如果满足：

① $S_j(\boldsymbol{x})\geqslant 0\quad(j=1,\cdots,n)$；

② $\sum\limits_j S_j(\boldsymbol{x})=1$；

③ 对任意 $j\in\{1,\cdots,n\}$ 有 $d_j\in(0,1)$，使 $x_j<d_j$ 时 $\boldsymbol{S}_x$ 是单调递增而 $x_j\geqslant d_j$ 时 $\boldsymbol{S}_x$ 是单调递减的。

上述定义中的 d_j 为变权向量的激励策略点。当 $x_j<d_j$ 时，第 j 个判据因素的权重 w_j 是被激励的；当 $x_j>d_j$ 时，w_j 是被惩罚的。

2. 权衡函数

定义 3.7[26]　函数 $B(x_1,\cdots,x_n)$ 叫作一个变权综合的权衡函数，如果对任意的 $j\in\{1,\cdots,n\}$ 都有

$$\boldsymbol{S}_x=(S_1(\boldsymbol{x}),\cdots,S_n(\boldsymbol{x}))=\partial B/\partial x_j$$

3.2.3　兴奋-抑制变权因素神经网络

1. 兴奋-抑制变权因素神经网络定义

李洪兴教授将变权综合评判转化为兴奋-抑制变权因素神经网络。按照刘增良教授提出的因素神经网络，神经网络上的每个节点可被视为一个判据因素，下层节点的每一次输入就是诸因素所取的一组相或状态，上层每个节点都输出一个目标相。

定义 3.8[26] 所谓兴奋-抑制变权因素神经网络是这样的一种因素神经网络，其输入端由兴奋节点和抑制节点组成。兴奋类节点是 $\boldsymbol{x}_1,\cdots,\boldsymbol{x}_p$，抑制类节点是 $\boldsymbol{x}_{p+1},\cdots,\boldsymbol{x}_n$，上层单个节点的输出形式是

$$\boldsymbol{y}=\varphi(e-h-\theta) \tag{3-9}$$

其中，φ 是神经元调节变换，$e=\boldsymbol{S}_{(1)}(\boldsymbol{x}_{(1)})\boldsymbol{x}_{(1)}+\cdots+\boldsymbol{S}_{(p)}(\boldsymbol{x}_{(p)})\boldsymbol{x}_{(p)}$，$h=\boldsymbol{S}_{(p+1)}(\boldsymbol{x}_{(p+1)})\boldsymbol{x}_{(p+1)}+\cdots+\boldsymbol{S}_{(n)}(\boldsymbol{x}_{(n)})\boldsymbol{x}_{(n)}$，$(j)$表示置换后的第 j 个足码，p 是介于 1 和 n 之间的一个正整数。当 $j<p$ 时，变权向量 $\boldsymbol{S}_{(j)}(\boldsymbol{x}_{(j)})$的策略点 $d_{(j)}<p$，权重是被激励的，表示兴奋；当 $j>p$ 时，变权向量 $\boldsymbol{S}_{(j)}(\boldsymbol{x}_{(j)})$的策略点 $d_{(j)}>p$，权重是被惩罚的，表示抑制。兴奋-抑制变权因素神经网络如图 3-2 所示。

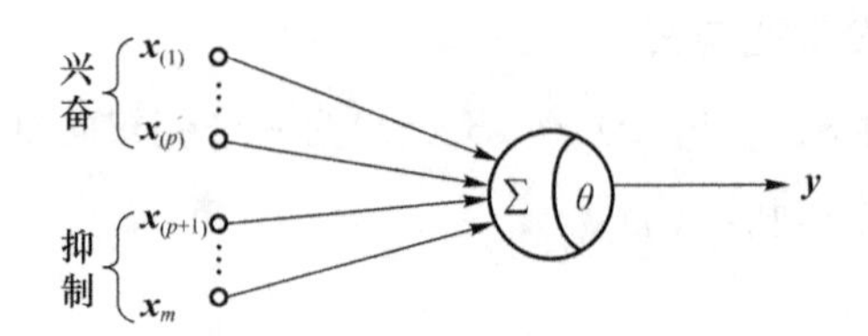

图 3-2 兴奋-抑制因素神经网络

2. Weber-Fechner 法则

19 世纪德国心理学家 G. T. Fechner 在 E. T. Weber 的工作基础上讨论了人对外界刺激的反应问题。设 r 是人接受刺激产生的反应，s 是刺激的真实强度，他们得到的结果为

$$r=k\ln s+c \tag{3-10}$$

其中 k 和 c 为常数，这就是著名的 Weber-Fechner 法则。诚然，这种人对刺激产生的反应是针对某种感官而言的，带有宏观的性质；然而这种反应根本上是源于神经元的反应，因此可以认为一个神经元接受来自某个突触的刺激时产生的反应亦遵守 Weber-Fechner 法则。于是，可令第 j 神经元的刺激强度是 x_j 的指数，即 $s_j=\exp(x_j)$，才能把人的接受刺激感 r 线性地用判据因素的相 x_j 表现出来。既然 x_j 出现在“肩上”，对应的权重也应该加在肩上，于是，将兴奋判据的综合函数 e 和抑制判据的综合函数 h 分别改写为

$$e=\exp[\boldsymbol{S}_{(1)}(\boldsymbol{x}_{(1)})\boldsymbol{x}_{(1)}+\cdots+\boldsymbol{S}_{(p)}(\boldsymbol{x}_{(p)})\boldsymbol{x}_{(p)}]$$

$$h=\exp[\boldsymbol{S}_{(p+1)}(\boldsymbol{x}_{(p+1)})\boldsymbol{x}_{(p+1)}+\cdots+\boldsymbol{S}_{(n)}\boldsymbol{x}_{(n)})\boldsymbol{x}_{(n)}]$$

在这种意义下，$e-h$ 应当改写为 e/h。于是，稍加修改，便可采用。用福岛邦

彦(Fukushima)标准式取代输出函数式(3-9)：

$$y=\varphi((e+\varepsilon)/(h+\varepsilon)-1)=\varphi((e-h)/(h+\varepsilon)) \tag{3-11}$$

在一维情况下，设 $e=\xi\boldsymbol{x}$，$h=\eta\boldsymbol{x}$，不难证明有

$$y=\varphi\left(\frac{\xi-\eta}{2\eta}\left(1+\operatorname{th}\left(\frac{1}{2}\log_2 \eta\boldsymbol{x}\right)\right)\right) \tag{3-12}$$

这与神经生理学中的 Weber-Fechner 定律很接近，近似于人体感官系统的输入输出特性，其中 th $\boldsymbol{x}$ 为 $\boldsymbol{x}$ 的双曲正切。

3. 变权综合的势与场

变权向量在 n 维判据空间中画出了一个向量场。均衡函数就是这个场的势函数，由此可以建立相应的微分方程。人脑的权重变化方程能揭示什么规律呢？思维也会遵守某种物理定律吗？这都是值得进一步探索的问题。

科技管理要量化，这是社会发展的需要，但同时也面临重大的挑战。靠 SCI 论文制定人才考核的量化标准严重束缚着国人的创新精神，所造成的恶果至今仍无法消除。要使综合评价模型避免僵死，需要实行变权。若权重向量能满足椭圆型方程的均衡解，则说明综合评价存在着稳定的格局。若能找到稳定参数及稳定与非稳定的临界点，通过此参数来掌控普及驱动的社会经济系统，则其将是最佳的管理方式。

3.2.4　变权层次评价模型的企业质量信用评价

本节列举余高锋、刘文奇等[27-30]给出的例子说明变权层次评价模型的应用，本书中的内容略有改动。

例 3.2　以昆明市质量技术监督局《基于质量技术监督管理信息系统》中的数据为样本，选择 10 家企业作为评估对象，这些企业都是具有一定规模的生产企业，判据因素明确，数据缺失少，评价过程易于数字化。

评价步骤如下。

1) 建立企业质量信用评估表

这是层次分析法中最重要的步骤。应根据对问题的了解和初步分析，把复杂问题分解成目标层、准则层和方案层这样的递阶层次。以 9 个判据因素(f)为列，以 10 家企业(u)为行形成表，并在表中填写各企业在 9 个因素下的相值，该表为企

业质量信用评估表，如表 3-3 所示。

表 3-3　企业质量信用评估表

	f_1	f_2	f_3	f_4	f_5	f_6	f_7	f_8	f_9
u_1	2	2	2	1	1	2	1	1	2
u_2	2	2	2	1	1	2	1	1	2
u_3	1	1	1	1	1	2	1	1	1
u_4	0	0	0	0	0	1	0	0	0
u_5	1	1	1	1	1	2	1	1	1
u_6	1	0	1	1	1	2	1	1	1
u_7	1	1	1	0	1	1	1	1	1
u_8	2	2	1	1	1	2	1	1	1
u_9	2	1	2	1	1	2	1	1	1
u_{10}	1	1	1	1	1	2	1	1	1

2）建立判据因素重要性对比矩阵

国家法定的判据因素有以下 9 个。

① 产品质量 f_1。$I(f_1)=\{2=$连续三年产品合格率达到 100%，$1=$产品检验合格但还有些材料不够齐全，$0=$产品质量严重不合格$\}$。

② 违反记录 f_2。$I(f_2)=\{2=$连续三年没有违反记录，$1=$有轻微违反记录，$0=$有严重违反记录$\}$。

③ 广告宣传 f_3。$I(f_3)=\{1=$没有虚假宣传，$0=$有虚假宣传$\}$。

④ 设备管理 f_4。$I(f_4)=\{1=$定期检查合格，$0=$不定期检查或检查不合格$\}$。

⑤ 认证情况 f_5。$I(f_5)=\{1=$有国家或专业认证的证书，$0=$没有证书$\}$。

⑥ 采标情况 f_6。$I(f_6)=\{2=$采用国际标准，$1=$采用国家标准，$0=$没有采用以上标准$\}$。

⑦ 资质情况 f_7。$I(f_7)=\{1=$有相关的资质证书，$0=$没有资质证书$\}$。

⑧ 售后服务 f_8。$I(f_8)=\{2=$按明示或承诺服务条款做好服务，$1=$提供服务但并未完全按照明示或承诺服务条款，$0=$严重违反明示或承诺服务条款或不能提供售后服务$\}$

⑨ 事后处理 f_9。$I(f_9)=\{2=$无质量因素所导致的事故，$1=$有质量事故但得到满意处理，$0=$有质量事故而未及时处理$\}$。

建立判据因素重要性对比矩阵 **A**(以下简称判断矩阵)：

$$\boldsymbol{A}=\begin{pmatrix} 1 & 5/3 & 5/4 & 5 & 5/3 & 5 & 5 & 5/3 & 5 \\ 3/5 & 1 & 3/4 & 3 & 1 & 3 & 3 & 1 & 3 \\ 4/5 & 3/4 & 1 & 1/4 & 3/4 & 1/4 & 1/4 & 3/4 & 1/4 \\ 1/5 & 1/3 & 1/4 & 1 & 1/3 & 1 & 1 & 1/3 & 1 \\ 3/5 & 1 & 3/4 & 3 & 1 & 3 & 3 & 1 & 3 \\ 1/5 & 1/3 & 1/4 & 1 & 1/3 & 1 & 1 & 1/3 & 1 \\ 1/5 & 1/3 & 1/4 & 1 & 1/3 & 1 & 1 & 1/3 & 1 \\ 3/5 & 1 & 3/4 & 3 & 1 & 3 & 3 & 1 & 3 \\ 1/5 & 1/3 & 1/4 & 1 & 1/3 & 1 & 1 & 1/3 & 1 \end{pmatrix}$$

矩阵元 a_{ij} 表示判据因素 f_i 与 f_j 重要度之比。

将判断矩阵 **A** 按行将各元素连乘并开 n 次方，求其几何平均值：

$$b_j=(\prod_j a_{ij})^{1/n},\quad j=1,\cdots,n \tag{3-13}$$

把 b_i 归一化，即求得指标 x_i 的权重系数：

$$w_j=b_j/(\sum_k b_k),\quad j=1,\cdots,n \tag{3-14}$$

由此得到权重向量 $\boldsymbol{w}=(w_1,w_2,\cdots,w_m)^{\mathrm{T}}$。又记

$$\lambda_{\max}=(1/n)\sum_i\sum_j a_{ij}w_j \tag{3-15}$$

不难证明，$\lambda_{\max}$是判断矩阵的最大特征值。

3）检验判断矩阵一致性

首先，计算判断矩阵一致性指标：

$$\mathrm{CI}=(\lambda_{\max}-n)/(n-1) \tag{3-16}$$

然后，根据判断矩阵阶数 n 查表 3-4 得到随机一致性指标 RI。

表 3-4　平均随机一致性指标表

矩阵阶数	2	3	4	5	6	7	8	9	10	11	12	13	14	15
RI	0	0.58	0.89	1.12	1.25	1.36	1.41	1.46	1.49	1.52	1.54	1.56	1.58	1.59

当阶数大于 2 时，将判断矩阵的一致性指标 CI 与同阶随机一致性指标 RI 之比称为随机一致性比率 CR。当 CR<0.1 时，认为判断矩阵通过一致性检验，是令人满意的；而当 CR>0.1 时，应对判断矩阵做出调整。

由式(3-13)到式(3-15),利用 MATLAB 编程可知:

$$w^0=(0.20,0.08,0.11,0.08,0.12,0.05,0.16,0.08,0.12)$$

$$\lambda_{max}=8.9904$$

由式(3-16)得

$$CI=\frac{\lambda_{max}-m}{m-1}=\frac{8.9904-9}{9-1}=-0.0012$$

在表 3-4 中用 $n=9$ 查得 RI=1.46,算得

$$CR=CI/RI=-0.0012/1.46<0.1$$

故判断矩阵的一致性令人满意。

4) 计算变权综合得分

经过查资料可知,当 $\alpha=0.5$ 时最合适,那么有变权权重:

$$W(\boldsymbol{x})=\frac{\boldsymbol{W}\cdot\boldsymbol{S}(\boldsymbol{x})}{\sum_{i=1}^{m}\boldsymbol{W}_i\boldsymbol{S}_i(\boldsymbol{x})}=\frac{\boldsymbol{W}_i\cdot x_i^{-0.5}}{\sum_{i=1}^{m}\boldsymbol{W}_i x_i^{-0.5}}$$

利用 EXCEL 统计计算可以得出 u_1、u_5 变权以及变权综合得分,如表 3-5 和表 3-6 所示。

表 3-5 u_1 和 u_5 常权与变权的权重比较

常权	0.20	0.08	0.11	0.08	0.12	0.05	0.16	0.08	0.12
变权/u_1	0.169	0.068	0.093	0.096	0.144	0.042	0.191	0.096	0.102
变权/u_5	0.203	0.081	0.112	0.081	0.122	0.036	0.162	0.081	0.122

表 3-6 u_1 和 u_5 常权与变权综合得分比较

企业	u_1	u_5
常权综合得分	1.16	1.05
变权综合得分	1.47	1.04

从表 3-5 和表 3-6 可得出如下结论:无论是常权还是变权,从综合绩效看都是 $u_1>u_5$;但从权重所占的比例来分析,在常权中,$c_7>c_1>c_5>c_9>c_8=c_4>c_3>c_2>c_6$;而从变权所占的比例来看,$c_1>c_7>c_9=c_5>c_3>c_2=c_8=c_4>c_6$,两种方法的结果果然存在着较大的差异,即 c_1、c_7 顺序刚好相反,c_3、c_4 顺序也相反,而且变权评价值基本不同程度地大于常权评价值。产生这些差异的原因是:第一,因为企业的

指标基本都有达到最佳的均衡状态，都不同程度地受到了“激励”，所以变权评价值基本大于常权评价值；第二，变权综合评价通过对权数的调整，实现了对相关因素的“惩罚”或“激励”，由于每个企业的相关因素受到的惩罚程度和激励程度不同，所以产生了差异。

例毕

3.3　本章小结

本章介绍了李洪兴教授的决策评价理论。这是一种基于概念的决策模式。作战的目的是取胜，军事决策就是在各种备择方案之间进行选择，看哪种方案最容易取胜，就选取哪种方案。若把备择方案集(备评对象集)U 当作论域，对 U 的每个元素都要评估出一个数，这个数实际上就是它对某个“致胜”概念的隶属度。这就是一种基于概念的决策模式。问题求解的目的是获解，项目决策就是在各种备择方案之间进行选择，看哪种方案最容易获解，就选取哪种方案。若把备择方案集 U 当作论域，对 U 的每个元素都要评估出一个数，这个数实际上就是它对某个“获解”概念的隶属度。这也是一种基于概念的决策模式。

李洪兴教授对决策理论的贡献如下：

① 普通决策理论都采用了基于概念的决策模式，但没有涉及概念的内涵。李氏理论却专门研究了这个核心概念 α 的内涵。决策的选择过程离不开选择的指标或判据，每个指标或判据都是一个因素，这些因素所张成的相空间就是判据空间。概念的内涵就是对诸判据因素取相的一种界定。因而，概念 α 的内涵可以通过它在判据空间中的一个清晰或模糊集 B 表现出来，B 叫作 α 的表现外延。概念在 U 上还有一个清晰或模糊集 A，叫作 α 的反馈外延。一个内涵产生两个外延，二者可以通过因素的映射和逆映射相互形成内外包络，提供一个可粗可细的逼近框架，从而把 α 表现到极致。

② 将汪培庄教授在1985年提出的综合评价算子 WA 扩展为可加性标准多因素评价综合函数 ASM。这对后来的决策理论来说具有重大的参考价值。

③ 提出了基于反馈外延的决策，即 DFE 算法，这对后来的决策理论来说也具有重大的参考价值。

本章还介绍了由汪培庄教授提出、由李洪兴教授发展的变权综合评价。常权在一定程度上反映了事物关于各基本因素的综合优度,反映了各基本因素的相对重要性,然而一味地采用常权,在某些实际问题中违背了决策中因素的不可替代性。因为无法“激励”或“惩罚”企业的质量信用影响因素。而变权综合法很好地体现了因素状态值的变化使因素的权重随之变化的思想——对企业质量信用表现差的企业给以“惩罚”,对企业质量信用表现较好的企业给以“激励”——能够有效地使权重评价更加具有全面性、科学性和决策相关性。

第4章　基于决策者偏好视角的对偶犹豫模糊多因素决策理论

4.1　相关理论研究的发展

4.1.1　对偶犹豫模糊理论的发展

自2012年朱彬等[31]提出对偶犹豫模糊集以来，关于对偶犹豫模糊多因素决策的理论与方法研究受到越来越多的重视，取得了一定的理论成果。需要指出的是，作为一种新的模糊集，对偶犹豫模糊集可看作对模糊集、直觉模糊集、犹豫模糊集、模糊多集和2型模糊集的进一步推广，它由两部分构成，一种元素属于一个集合的隶属度和非隶属度，并且隶属度和非隶属度可以是几个可能的值在区间[0,1]上构成的集合，此种形式可以更形象地描述不同的专家对方案指标的看法，更加符合人们的心理预期。由于对偶犹豫模糊集考虑了更多不确定性信息，赋予了决策专家更多自主权。这些优点吸引了众多学者的关注（截至2018年2月28日，在Web of Science数据库中检索到以“dual hesitant fuzzy set”为关键词的相关文献62篇，在Elsevier Science数据库中检索到相关文献60篇，在中国知网数据库中检索到相关文献21篇）。

对偶犹豫模糊作为一种崭新的不确定性描述工具，在理论和方法上仍有待挖掘。首先,我国学者朱彬、徐泽水和夏梅梅于 2012 年开创性地提出了对偶犹豫模糊集的概念[31],给出了对偶犹豫模糊集的基本运算法则,并讨论了对偶犹豫模糊集与犹豫模糊集及其他拓展型模糊集之间的关系,并且指出:对偶犹豫模糊集是模糊集、直觉模糊集、犹豫模糊集、模糊多集和 2 型模糊集的进一步推广。对偶犹豫模糊集中的隶属度和非隶属度是用确定的数值度量的,然而在实际决策问题中,各种不可预知的主、客观因素经常会影响决策者的观点使之无法进行有效、实用的评价,难以用精确值反映决策者的评价心理,基于此,我国学者鞠彦兵、吴婉莹、陈华友和周礼刚[32-34]于 2014 年提出了区间值对偶犹豫模糊集,并给出了区间值对偶犹豫模糊集的基本运算法则,分析了对偶犹豫模糊集与区间对偶犹豫模糊集及其他拓展型模糊集之间的关系。叶军等人提出了对偶犹豫模糊的距离测度、相似性分析[35-37]。杨尚洪与鞠彦兵结合语言评价集,定义了对偶犹豫模糊语言集[38]。张海东与其导师舒兰通过融合对偶犹豫模糊集和软集理论,引进了软集的一种拓展模型——对偶犹豫模糊软集,同时研究对偶犹豫模糊软集的补、和、或、环和及其环积运算[39]。韩晓冰等人基于对偶犹豫模糊集的概念与运算性质[40],首先给出了对偶犹豫模糊关系的定义,然后将对偶犹豫模糊集与粗糙集理论相融合,在对偶犹豫模糊近似空间中构建了对偶犹豫模糊粗糙集模型,并讨论了该模型的一些基本性质;最后给出了自反、对称、传递和等价犹豫模糊关系的定义,并讨论了对偶犹豫模糊关系与上下近似算子的特征联系。对偶犹豫模糊的隶属度和非隶属度只能处理模糊的不确定性,然而在实际应用中,随机与模糊这两种不确定性通常互相叠加,以较复杂的形式耦合,传统概率与模糊理论受其本身机理的限制,已不能很好地处理同时存在的这两种不确定性,因此近年来出现了各种模糊理论与概率论相融合的方法[41,42],如 Hao 等人提出了概率对偶犹豫模糊集,给出了概率对偶犹豫模糊集的基本运算法则[43]。基于决策粗糙集理论[44-47],Liang 等人提出了对偶犹豫模糊与决策粗糙集融合的三支决策模型,与 Paw lak-三支决策模型相比,其划分损失更小,处理结果更优[44]。

4.1.2 对偶犹豫模糊多因素决策方法的发展过程

对偶犹豫模糊集是一种高效处理不确定性和复杂性信息的新型数学工具。自 2012 年以来,人们越来越多地将对偶犹豫模糊信息应用于决策领域来提高决策质量，使用对偶犹豫模糊数代替实数、语言值和模糊数来刻画决策因素值有限方案的选择问题（对偶犹豫模糊多因素决策问题）。下面介绍相关的对偶犹豫模糊多因素决策方法的发展过程。

1. 对偶犹豫模糊集结算子的发展

根据决策方法中 4 种常见的算子〔加权平均（WA）算子[48]、加权几何（WG）算子[49]、有序加权平均（OWA）算子[50]和有序加权几何（OWG）算子[51]〕，Wang 等人提出了一系列对偶犹豫模糊集成算子，如对偶犹豫模糊加权平均（DHFWA）算子、对偶犹豫模糊加权几何（DHFWG）算子、对偶犹豫模糊有序加权平均（DHFOWA）算子、对偶犹豫模糊有序加权几何（DHFOWG）算子、对偶犹豫模糊混合平均（DHFHA）算子、对偶犹豫模糊混合几何（DHFHG）算子[52]。Ju 等人定义了区间值对偶犹豫模糊加权平均（IVDHFWA）算子、区间值对偶犹豫模糊有序加权平均（IVDHFOWA）算子、区间值对偶犹豫模糊加权几何（IVDHFWG）算子、区间值对偶犹豫模糊有序加权几何（IVDHFOWG）算子、广义区间值对偶犹豫模糊有序加权平均（GIVDHFOWA）算子、广义区间值对偶犹豫模糊有序加权几何（GIVDHFOWG）算子、区间值对偶犹豫模糊混合平均（IVDHFHA）算子、区间值对偶犹豫模糊混合几何（IVDHFHG）算子、广义区间值对偶犹豫模糊混合平均（GIVDHFHA）算子、广义区间值对偶犹豫模糊混合几何（GIVDHFHG）算子[32]。

在决策过程中，有些方案的因素难以用数字度量，或者使用数字计量成本过高，而利用语言评价便可以满足决策的需要。基于对所评价的事物用评语或者一语句对其进行描述的一种评价方法，Yang 等人[53]定义了新的对偶犹豫模糊集成算子，如对偶犹豫模糊语言加权平均（DHFLWA）算子、对偶犹豫模糊语言加权几何（DHFLWG）算子、对偶犹豫模糊语言有序加权平均（DHFLOWA）算子、对偶犹豫模糊语言有序加权几何（DHFLOWG）算子、对偶犹豫模糊语言混合平均（DHFLHA）算子、对偶犹豫模糊语言混合几何（DHFLHG）算子、广义对偶犹豫模糊语言加权平均（GDHFLWA）算子，广义对偶犹豫模糊语言加权几何（GDHFLWG）算子、广义对偶犹豫模糊语言有序加权平均（GDHFLOWA）算子、广义对偶犹豫模糊语言有序加权几何（GDHFLOWG）算子、对偶犹豫模糊语言优先加权平均算子（DHFLPWA）、对偶犹豫模糊语言优先加权几何（DHFLPWG）算子、广义对偶犹豫模糊语言优先加权平均（GDHFLPWA）算子和广义对偶犹豫模糊语言优先加权几何（GDHFLPWG）算子。事实上，上述所有信息集结算子都是用代数 T-范数(*t*-norm)和 S-范数(*t*-conorm)提出的,在多因素决策问题中,*t*-norm 和 *t*-conorm 能够很好地处理多种模糊法则的"与"和"或"运算[54-58]。然而,任何 *t*-conorm 和 *t*-norm 运算法则都可以运用到对偶犹豫模糊集的运算中。有学者[59]指出,Einstein 和与 Einstein 积也是 t-conorm 和 t-norm 运算的特殊形式。受此启发,Zhao 等人[60]基于 Einstein 运算,提出了对偶犹豫模糊 Einstein 加权平均(EDHFWA)算子、对偶犹豫模糊 Einstein 加权几何(EDHFWG)算子、对偶犹豫模糊 Einstein 有序加权平均(EDHFOWA)算子、对偶犹豫模糊 Einstein 有序加权几何(EDHFOWG)算子,同时研究了算子的性质,并且讨论了这些算子的性质以及新的算子与已有算子的大小关系。基于几何集成算子,Yu[61]提出了广义对偶犹豫模糊加权几何(GDHFWG)算子、广义对偶犹豫模糊有序加权几何(GDHFOWG)算子和广义对偶犹豫模糊有序加权混合几何(GDHFHG)算子。

上述研究的对偶犹豫模糊集成算子与区间值对偶犹豫模糊集成算子仅考虑了因素间相互独立的情况,在实际决策中,不同因素间会存在不同程度的联系,如互补、冗余、偏好关系等。基于 Heronian 平均算子(Heronina means,以下简称 HM 算子)和基于 Choquet 积分集成算子都是处理因素间相关联的聚合算子。余德建[62]首先提出几何 Heronian 平均(geomctric Heronian means,简称 GHM)算子,然后在对偶犹豫模糊环境下,余德建和李登峰将 HM 算子与 DHFS 算子结合,提出了对偶犹豫模糊 Heronian 平均算子和对偶犹豫模糊几何 Heronian 平均算子,同时研究了其性质[61]。鞠彦兵[53]结合模糊 Choquet 积分提出了一系列对偶犹豫模糊 Chqouet 积分算子,如对偶犹豫模糊 Choquet 积分有序平均(DHFCOA)算子、对偶犹豫模糊 Choquet 积分有序几何(DHFCOG)算子、广义对偶犹豫模糊 Choquet 积分有序几何(GDHFCGM)算子、对偶犹豫模糊有序加权几何(DHFOWG)算子。借助不确定语言,王金山和杨宗华[63]提出了对偶犹豫不确定语言算术算子。赵娜和徐泽水[64]基于 T-范数和 S-范数的概念,定义了对偶犹豫模糊 T-范数和 S-范数,并借助其提出了对偶犹豫模糊优先加权三角(DHFPWT)算子来集结因素间有优先关系的对偶犹豫模糊决策信息。

综上,可以看出利用集结算子处理对偶犹豫模糊决策问题已经得到了一定的发展,但是基于集结算子的处理方式计算量大。另外,对于动态的对偶犹豫模糊信息融合方法的研究较少。

2. 权重不完全已知条件下含有对偶犹豫模糊的决策方法发展动态

关于集结信息的权重确定问题是信息集成算子理论的另一个重要内容。权重反映了决策者给出决策信息的重要性程度，权重的大小直接决定最终结果和决策效果。因此，信息集成过程中权重确定方法的研究也成为国内外学者研究的热点之一。关于权重确定的方法从权重可获得过程来说，有主观赋权法（常用的有AHP、ANP和CNP）、客观赋权法和主客观赋权法，客观确定方法不能反映决策者的偏好，不同方法得到的权系数可能不一致，结果存在差异。从权重的偏好来说，一类是计算集成算子的权重，即利用不同的方法得到算子的权重，另一类是利用偏好信息的一致性或相容性构建优化模型来获得权重。由于主观赋权法主要与决策者的个人经验和主观意图相关，带有较大的随意性，故下面只对基于对偶犹豫模糊决策的客观赋权方法进行简要综述。

目前，针对对偶犹豫模糊多因素决策问题的研究还处于起步阶段，而对于因素权重完全未知的对偶犹豫模糊多因素决策方法的研究更是鲜见。2015年，在Shannon信息熵概念的基础上，赵华等[60]提出了对偶犹豫信息熵测度的概念并给出了一些相关熵的公式。之后，叶军[37]将其应用于对偶犹豫模糊决策中的因素权重的确立中。李丽颖与苏变萍[65]基于对偶犹橡模糊集的定义，给出了对偶犹橡模糊集Hamming距离测度公式，构建了一个最优化模型来计算完全未知的因素权重，提出了便于度量两个对偶犹橡模糊信息之间相关关系的相关系数，并给出了定义和加权相关系数计算公式，在此基础上基于区间值对偶犹豫模糊熵的基本定义，提出了区间值对偶犹豫模糊熵与相似性测度的概念，构造了熵权重模型，由距离与相似性测度的关系给出了3种区间值对偶犹豫模糊集的距离公式。吴婉莹等人[66]给出了（区间值）对偶犹豫模糊集的相关系数的定义及相应的计算公式，构造了确定权重的优化模型，提出了一种因素权重部分未知的模糊多因素群决策方法。更常见的确立权重的方法是，根据决策的已知条件通过建立线性或非线性的数学规划模型来求解获取权重，基于Yue构建的因素值距离偏差最大化多目标规划模型[1]；杨尚洪和鞠彦兵[67]构建了基于TOPSIS与灰色关联思想决策方法的贴近度最大化的因素权重确立模型。

3. 对偶犹豫模糊多因素个体决策方法的发展动态

个体决策指决策主体只有一人，与下文提到的群体决策相互对应。个体决策是群体决策的基础，大量的多因素决策方法都是以个体决策为研究基点展开的，含有对偶犹豫模糊信息的决策方法也不例外。自2012年对偶犹豫模糊集提出以来，学者们在对偶犹豫模糊多因素决策方法的研究领域进行了积极的探索。这些含有对偶犹豫模糊信息的决策方法主要集中于关联测度、相似性测度、对偶犹豫模糊判断矩阵、得分函数和精确函数的拓展，以及多因素决策方法与对偶犹豫模糊集的融合等。由于对偶犹豫模糊数提出的较晚，较其他模糊数（如直觉模糊数、犹豫模糊数）而言，对偶犹豫模糊数的3类测度，关联测度、距离测度和相似性测度理论各自基本没有形成完整的体系，故对对偶犹豫模糊3类测度发展的介绍离不开直觉模糊数和犹豫模糊数。

1）关联测度

我国著名学者对直觉模糊集与犹豫模糊集的理论研究和发展做出了较大贡献，具有代表性的经典著作主要有3本，其中两本是徐泽水教授分别在Springer出版社与科学出版社发表的*Hesitant Fuzzy Sets Theory*[68]与《直觉模糊信息集成理论及应用》[69]，这两本书系统地介绍了徐教授在模糊信息集成方式、关联测度、距离测度、相似性分析和直觉模糊聚类算法等方面的研究成果；第三本是李登峰教授的专著《直觉模糊集决策与对策分析方法》[70]，该书首次提出了直觉模糊集相似度应满足的4个数学公理化条件，并建立了一套直觉模糊相似度公式及模式识别模型，为后面的学者研究对偶犹豫模糊关联测度起到了很好的引领作用，进一步奠定了犹豫模糊多准则决策理论的重要性。为对偶犹豫模糊集的进一步发展指明了方向。关联性指标在统计学与工程科学中有着非常重要的作用。利用关联性分析，通过联合两个变量来衡量它们之间的相互依存关系。目前，对于相关系数的研究已经从实数范围扩展到模糊集、直觉模糊集、犹豫模糊集等范围[56,71,72]。李登峰[70]给出了直觉模糊集相关系数的公理化定义，在此基础上定义了直觉模糊集的相关系数公式，并将之应用于投资决策和模式诊断。Szmidt详细地分析了模糊集的各种相关系数[73,74]，包括海明相关系数、欧氏相关系数等。Chen等人[75]依据Pearson系数，从犹豫模糊信息的能量和关联性角度给出犹豫模糊集的相关系数，并且通过最大化相关性对系数进行简化与修正，将其运用于聚类算法中。Liao等人[76]借鉴Chen等人的研究，同样以Pearson系数为基础，提出犹豫模糊元的均值和方差概念，把系数的值域扩展到[0,1]，通过计算均值和方差得出新的犹豫模糊集相关系数。

在后续的研究中，学者们将上述关联测度拓展到对偶犹豫模糊集，Wang等人[77]研究了对偶犹豫模糊关联度测定公式并将其与大量数据的聚类方法相结合。叶军[37]和Farhadinia[78]提出对偶犹豫模糊的相关系数用于提高对偶犹豫模糊决策的有效性，吴婉莹等人分别针对对偶犹豫模糊数和区间对偶犹豫模糊数提出了（区间值）对偶犹豫模糊的关联系数公式并进行了方案优选[66,79]。关欣等人[80]为解决由犹豫模糊数、直觉模糊数、区间数和实数4类基本数据组成的多源异类数据的融合识别问题，在犹豫模糊框架内，提出了犹豫模糊集相关系数计算方法以进行识别判定。

2）距离测度与相似性测度

距离是对偶犹豫模糊集理论中的一个重要概念，用于反映2个对偶犹豫模糊集（或向量）之间的差异程度，而相似性测度则用于反映2个对偶犹豫模糊集（或向量）之间的接近程度。因此。距离与相似性测度是对偶犹豫模糊集理论中的一对对偶概念，知道了相似性测度，便可获得距离测度。对偶犹豫模糊集的相似度测定与距离测度具有同一性，是近似推理和排序决策中非常重要的决策方法之一。相似性测度函数已经被广泛地应用于经济管理决策、模式匹配、市场预测等领域。关于模糊集、直觉模糊集、模糊多重集和犹豫模糊集的距离测度已有大量的研究成果，而对偶犹豫模糊的相似性测度仍处于探索与完善阶段。基于对偶犹豫模糊数，在对偶犹豫模糊集的距离测度的基础上，Singh[81,82]定义了对偶犹豫模糊的公理化定义和距离公式，分析了基于几何距离、集合论方法和直觉模糊匹配程度的相似度测度公式，是研究对偶犹豫模糊相似度的经典之作。曲国华等人[83]构建了一种以对偶犹豫模糊数形式表征的对偶犹豫模糊距离公式，以减少运算中信息的丢失。在豪斯多夫（Hausdorff）距离和Hamming距离的基础上，Su等人[84]定义了对偶犹豫模糊正态Hamming距离、对偶犹豫模糊正态Euclidean距离、广义对偶犹豫模糊正态Hamming距离、广义对偶犹豫正态Hausdorff距离、对偶犹豫模糊正态Hausdorff距离、对偶犹豫模糊正态Euclidean-Hausdorff距离、广义混合对偶犹豫模糊正态距离、广义对偶犹豫模糊加权距离、广义对偶犹豫模糊加权Hausdorff距离、对偶犹豫模糊加权Hamming距离、对偶犹豫模糊加权Hamming-Hausdorff距离、对偶犹豫模糊加权Euclidean距离、连续对偶犹豫模糊加权Hamming距离，并且研究了这些公式的性质，讨论了公式之间的关系。

另外，聚类分析与相似性有着密不可分的联系，聚类分析按照数学方法来解决给定样本的分类问题，将样本的相似性作为类属划分原则，而选择合适的样本相似性度量方法和聚类方法是聚类分析中需要解决的两个重要问题。常见的聚类方法有最大树聚类方法[85,86]、编网聚类算法[87]和 K 均值聚类方法[88]等。目前,关于对偶犹豫模糊信息的相似性度量方法和聚类方法的研究还有待丰富。徐泽水和夏梅梅[89]提出了基于距离的犹豫模糊相似度公式,但在度量样本的相似性时,存在度量结果有时与事实相违背、分辨率不够高等缺点。基于传统的凝聚层次聚类法(agglomerative hierarchical clustering),陈秀明[90]对犹豫模糊集进行了聚类分析,针对不同平台上群体的偏好信息以及被推荐项目具有多粒度性、犹豫模糊性和多因素等特点的问题,定义了多粒度犹豫模糊语言术语集的广义距离公式、广义豪斯多夫距离公式和广义混合距离公式;针对考虑被推荐项目因素的权重的求解问题,定义了相应的广义加权距离公式、广义加权豪斯多夫距离公式和广义混合加权距离公式等。将这些距离公式结合满意度公式用于群体推荐问题,进一步分析了公式中的参数对满意度及被推荐项目排序的影响情况。

目前,关于对偶犹豫模糊环境下的聚类方法融合传统和新兴不确定性系统的聚类方法的研究非常少见,相关研究主要针对犹豫模糊集理论和方法,但传统的聚类方法忽视了对偶犹豫模糊信息测度方式的潜在特征,且缺乏对应用实践的进一步探讨。

3) 得分函数和精确函数的拓展

对偶犹豫模糊集包含隶属度集合和非隶属度集合两方面的信息,能够更好地展现数据的不确定程度,但是在进行数据比较时也存在着一定的困难。对偶犹豫模糊得分函数和精确函数被认为是用来对其进行比较和排序的通行方法。最早研究对偶犹豫模糊得分函数的专家是朱彬和徐泽水,他们利用对偶犹豫模糊数中隶属度与非隶属度之差(得分函数)、隶属度与非隶属度之和(精确函数)构造了用于比较对偶犹豫模糊数大小的函数,并以此作为对偶犹豫模糊多因素决策方法的基础和关键技术辅助人们的决策[31],但是仅用得分函数和精确函数忽略了对偶犹豫模糊数的犹豫程度,不能够比较一些特殊的对偶犹豫模糊数。基于此,Ren 等人[2]在上述函数基础上将犹豫度引入得分函数的计算,充分考虑不确定因素对得分值的影响,并且只用一个函数代替经典的得分函数和精确函数。

4. 因素决策方法与对偶犹豫模糊集融合的发展

除了利用集结算子、得分函数对因素值对偶犹豫模糊数的多因素决策问题进行排序和优选,经典的多因素方法在对偶犹豫模糊领域也有着广泛的拓展和应用。

相比其他较早诞生的模糊集，因素决策方法与对偶犹豫模糊集的融合仍处于不断完善的阶段。曲国华等人[91]利用对偶犹豫模糊相关系数、对偶犹豫模糊距离或相似性度量与 TOPSIS 方法相结合来计算备选方案的贴近度，进而进行方案比较，这种方法原理简单且容易计算，决策结果既靠近正理想方案又远离负理想方案，不足之处在于所有位于正、负理想方案连线中轴线上的备选方案均被认为是无差异的，无法比较其优劣。进一步，Ren 等人[2]引入了对偶犹豫模糊的 VIKOR 决策方法，较好解决了由于因素间存在不可公度性而导致无法选择最优决策方案的问题，VIKOR 决策方法得到的是妥协解，通过最大化群体效用和最小化个体遗憾而寻求满意的决策结果。

综上，对于对偶犹豫信息测度方法的研究可归结为两个方面：其一是基于传统距离的对偶犹豫模糊信息测度方法，其二是基于信息论视角的对偶犹豫模糊信息度量方法。两种对偶犹豫模糊信息测度表征的效果不同，前者侧重信息的差异程度，后者反映信息的模糊程度。现阶段的研究表明，两种测度方法之间的关系已经引起了学者的注意，但缺少基于对偶犹豫模糊信息内在随机性的深入挖掘，且对对犹豫模糊信息间的统计相关性鲜有研究。

5. 对偶犹豫模糊多因素群决策方法的发展

一般没有特别说明，多因素决策主体均指唯一的决策者，但是随着决策对象不断增多和决策环境复杂程度不断增加，许多问题通过个体决策已经没有办法解决，必须综合个体智慧，发挥群体优势共同完成，以弥补单个决策者经验和精力的不足，因此多因素群决策应运而生[92,93]。多因素群体决策广泛应用于企业战略制定、行业调整规划及政府应急管理等重大、复杂的决策领域，而群体决策方法是群决策的基石，为了更好地描述决策因素的不确定性，对偶犹豫模糊多因素群决策方法吸引了一些学者的关注。具有影响力的研究成果主要集中在对偶犹豫模糊群集结算子和经典的多因素群决策方法的拓展方面。

1）对偶犹豫模糊群集结算子

在群集结算子的研究方面，Wang 等人[52]基于对偶犹豫模糊加权平均算子、对偶犹豫模糊加权几何算子、对偶犹豫模糊混合几何算子和对偶犹豫模糊混合平均算子给出了相应的群决策算法。Ju 等人[32]基于区间值对偶犹豫模糊加权平均算子、区间值对偶犹豫模糊加权几何算子、区间值对偶犹豫模糊混合几何算子和区间值对偶犹豫模糊混合平均算子给出了相应的群决策算法。基于代数 t-norm 和

t-conorm，Wang 等人[59]提出了对偶犹豫模糊幂集成平均(DHFPA)算子和幂集成几何(DHFPG)算子。针对对偶犹豫模糊隶属度与非隶属度的交互作用，Xu 等人[94]基于概率论与数理统计的观点提出了对偶犹豫模糊加权关联平均算子和对偶犹豫模糊加权关联几何算子，并给出了相应的群决策算法。考虑到因素之间的关联性和交互性，Yu 引入 Heronian 均值算子，给出了对偶犹豫模糊 Heronian 均值算子和对偶犹豫模糊几何 Heronian 均值算子的群决策算法[61]。鞠彦兵与曲国华等人引入对偶犹豫模糊数的 Choquet 积分算子并将其应用于群决策，但是当 Choquet 积分用于度量模糊测度时，构成因素联盟组合排序位置的重要性被忽略[33,95]。实际上，每一个因素联盟或组合具有同一概率并且所有元素置换出现的频数具有相同的概率，基于此，Qu 等人[96]引入了 Shapley 值和诱导变量，并提出了诱导广义对偶犹豫模糊 Shapley 混合加权平均(IGDHFSHWA)算子和诱导广义对偶犹豫模糊 Shapley 混合几何(IGDHFSHGM)算子，计算了基于不确定偏好关系的对偶犹豫模糊多因素群决策问题。此后，Qu 等人[97,98]根据群决策问题提出了一系列(区间值)对偶犹豫模糊群集结算子，包括 Shapley(区间值)对偶犹豫模糊 Choquet 积分平均算子和 Shapley(区间值)对偶犹豫模糊 Choquet 积分几何算子，并将其应用在了绿色环境行为的评估决策中。

2) 经典的多因素群决策方法

在群决策理论与多因素决策方法的结合应用方面，Ren 等人[2,99]为了避免信息损失，考虑到多准则妥协解排序法(VIKOR)比其他传统多因素决策方法更优越，利用对偶犹豫模糊均值得分函数构造了对偶犹豫模糊比较函数，解决了原有得分函数和精确函数效率低的多因素群决策问题。谭春桥和贾媛[100]提出证据理论、犹豫模糊数与直觉模糊相融合的犹豫直觉模糊语言多准则决策方法，并将该方法应用于因素值均为犹豫直觉模糊语言的决策问题研究中。针对大规模数据的聚类问题，Su 等人[84]构建了一种基于相似度的群决策模型，考虑到因素之间的关联性和交互性，鞠彦兵[33]提出了 Choquet 积分关联的对偶犹豫模糊决策方法，在此基础上，针对专家之间的关联性和交互性，Qu 等人将 Shapley 值引入对偶犹豫模糊数的 Choquet 积分，将其与 TOPSIS 方法融合并应用于对偶犹豫模糊数与区间值对偶犹豫模糊数(IVDHFN)群决策，此类方法首次提出了(区间值)对偶犹豫模糊矩阵 Hamming 距离，同时利用此模型找到了一种专家模糊权重的确立方法[97,98]。

综上,考虑决策指标关联的对偶犹豫模糊多因素群决策共识达成问题所具有的基本特征是:决策分析所依据的信息是(区间值)对偶犹豫模糊数的因素值信息;评价指标之间往往存在着关联;群决策专家中,每个个体决策偏好信息不完全一致。决策方案的评价与选择必须考虑如何探寻度量群体成员意见共识水平和共识达成过程的理论与方法,有效地分析和处理决策指标关联的对偶犹豫模糊信息。

6. 关于对偶犹豫模糊多因素决策方法的应用研究

以上综述大多为关于对偶犹豫模糊决策方法的理论研究,下面简单总结对偶犹豫模糊提出 5 年来学者们针对对偶犹豫模糊多因素决策方法的应用研究。含有对偶犹豫模糊信息的多因素决策方法主要集中于方案选择、方案评价和前景预测 3 个主要方向,具体应用在经济、管理、工程和军事等众多实践领域。在方案评价方面,主要包括绩效评价[65]和项目的投资风险评价等[43,66];在方案选择方面,主要应用集中于选址的研究[37,81,95,97]、供应商的选择[98,101,102]、资源优化方案的选择[103]、战略方案的选择[104]等。将对偶犹豫模糊多因素决策方法应用于预测方向的研究相对较少,已有的研究包含二氧化碳和臭氧层质量预测。

4.1.3　考虑偏好的多因素决策方法的研究现状

多因素决策与其他决策方法的重要区别在于它需要将决策者的偏好信息作为决策依据[105]。在徐泽水教授撰写的专著《不确定多属性决策方法及应用》[106]、岳超源教授撰写的专著《决策理论与方法》[107]、徐玖平教授撰写的专著《多属性决策的理论与方法》[108]与李梅博士的论文《基于决策者偏好视角的直觉模糊多属性决策方法研究》[105]中,均对多因素的决策过程进行了描述。首先,决策者要明确本次决策所要解决的主要问题,并提出相应的备选方案;其次,确立因素集合,并对决策可能引起的后果及因素可能出现的自然状态概率做充分的判断;然后,根据决策者对各方案的偏好(如实数、模糊数、直觉模糊数)构造并量化决策的偏好值;最后,设计一定的模型和方法对决策方案进行信息集结和整体评价,为了对决策结果的稳定性和有效性进行综合评价,还可以通过敏感性分析或方案对比。在决策过程第三个阶段的研究中,作为多因素决策的研究重点之一的决策者偏好,包含两层含义:其一为决策者的偏好态度;其二为决策者对方案评价结果的偏好次序。这两者相互关联、密不可分:首先,决策者的偏好态度直接作用于其对方案评价结果的偏好次序，进而影响决策结果；其次，决策者对方案评价结果的偏好次序是决策者偏好态度的主观判断价值的集中表现之一；同时，两者都是决策主体基于心理感受而给出的对于决策过程的主观判断。通过对基于偏好的多因素决策方法进行研究整理，发现该领域研究的主要内容集中于对偏好次序(preference order)问题的研究，而从决策者偏好态度视角的决策方法研究成果鲜见。自 2012 年对偶犹豫模糊提出以来，学者们对不同数据类型的有偏好的多因素决策问题进行了一些研究，但针对对偶犹豫模糊与决策偏好融合的多因素决策研究鲜见，此类问题已成为多因素决策研究领域一个值得关注的问题。在信息的集成过程中，Ren 和 Wei 利用得分函数将对偶犹豫模糊决策信息转化为实数，造成了原始信息的扭曲和损失[99]；针对由互补判断矩阵构成的形式偏好信息的实数型多因素决策问题，徐泽水和樊治平分别开展了一系列研究。对方案有偏好的因素值对偶犹豫模糊数和区间值对偶犹豫模糊数的决策方法研究是近 5 年该领域的热点研究方向，Zang 等人[104]建立了(区间值)对偶犹豫灰色关联决策模型进行求解，Wang 等人[109]研究了决策者偏好对偶犹豫模糊偏好关系形式的决策方法，鞠彦兵等人[33]则对区间值对偶犹豫模糊 Choquet 积分决策模型进行了改进。在此基础上，基于 Meng 等人提出的 Shapley 模糊测度[110-112]，Qu 等人[96-98]建立了基于(区间值)对偶犹豫模糊数期望值的有方案偏好的 Shapley-Choquet 群决策模型，并对其多因素问题的解决方法进行了研究。

对于多因素决策问题，由于专家知识的有限性、评价背景的复杂性、时间的紧迫性，以及不同的专家或同一个专家面对同一问题或不同问题时对评价对象具有信息不对称性，因此评价对象反映出来的模糊测度和因素值的模糊测度往往具有随机性。如在企业绿色行为联盟博弈中，两个专家构成的联盟$\{e_1,e_2\}$对某企业的绿色行为决策的模糊测度也可能接近于另外两个专家联盟$\{e_2,e_3\}$对该企业的模糊测度，反之亦然；对该企业绿色行为指标因素值联盟$\{c_1\}$的模糊测度也可能是因素值联盟$\{c_2\}$的模糊测度，因素值联盟$\{c_2\}$的模糊测度也可能是因素值联盟$\{c_1\}$的模糊测度，两因素值联盟$\{c_1,c_2\}$的模糊测度也可能是两因素值联盟$\{c_2,c_3\}$的模糊测度，当专家个数和因素值个数都为 n 时，专家模糊测度和因素值模糊测度组成了 2^n 个集合(联盟)。传统的 Choquet 积分度量模糊测度时仅考虑了 2^n 个集合(联盟)中之一，实际情况通常是 2^n 个集合(联盟)都应当全部考虑。这就要求实际测算的模糊测度能够按照每个专家 $e_i(i=1,2,\cdots,m)$的边际价值贡献进行公平分配，专家联盟的模糊测度或因素值联盟的模糊测度应该是能够最大化地满足各专家的实际值的平均值。

下面以多因素决策方法中因素值构成的联盟举一个例子来分析传统的 Choquet 积分模糊测度的局限性。

例 4.1　设在一个待评价的多因素绿色行为决策问题中，相关的绿色行为准则可以构成一个联盟博弈，具有关键作用的联盟可以用绿色行为准则的集合表示，设多因素绿色行为决策方法准则集合有 3 个，用集合 $N=\{x_1,x_2,x_3\}$ 表示。N 的子集 $K\subset N$ 就是博弈中的联盟，N 的所有子集构成的准则集合是所有可能联盟的集合，记为 $P(N)$。N 共有 2^3 个子集，包括 N 本身、单元素子集 $\{i\}(i=1,2,3)$ 以及空集 $\varnothing$，这些多因素绿色行为准则子集中非空子集有 2^3-1 个，非空子集至少有两个元素，因此上述集合 $N=\{x_1,x_2,x_3\}$ 至少可以构成有具体意义的联盟 2^3-1-3 个。为了使问题描述清楚与简洁，也可以将单元素构成的集合看作一个联盟，包括 $\{x_1\}$、$\{x_2\}$、$\{x_3\}$；此外，双元素构成的联盟集合包括 $\{x_1,x_2\}$、$\{x_2,x_3\}$、$\{x_1,x_3\}$，三元素构成的联盟集合有 $\{x_1,x_2,x_3\}$。这样，$N=\{x_1,x_2,x_3\}$ 构成的非空子集联盟有 7 个。传统的 Choquet 积分仅考虑了 7 个联盟中的一个，显然空集的模糊测度 $\mu(\varnothing)=0$，全集的模糊测度 $\mu(N)=\mu(x_1,x_2,x_3)=1$。令 7 个非空真子集的模糊测度为 $\mu(x_1)=0.3$，$\mu(x_2)=0.25$，$\mu(x_3)=0.35$，$\mu(x_1,x_2)=0.4$，$\mu(x_2,x_3)=0.45$，$\mu(x_1,x_3)=0.4$。

例毕

显然，对于上述 7 个真子集的模糊测度，由于决策问题的复杂性、决策思维的主观性，因素值联盟 $\{x_1\}$ 的模糊测度也可能是因素值联盟 $\{x_2\}$ 的模糊测度，因素值联盟 $\{x_2\}$ 的模糊测度也可能是因素值联盟 $\{x_1\}$ 的模糊测度，两因素值联盟 $\{x_1,x_2\}$ 的模糊测度也可能是两因素值联盟 $\{x_2,x_3\}$ 的模糊测度。为了使决策问题更加公平、合理、客观，应该将所有考虑可能出现的模糊测度全部纳入决策方法。

4.1.4　Shapley 指标值与 3 个公理延展

Shapley 函数能够解决上述没有考虑可能出现的模糊测度全部纳入决策方法问题。许多学者认为 Shapley 指标值(下称 Shapley 值)是用来解决具有相互联系指标事物最有力的工具。Shapley 值给出了 3 个公理，博弈方的排列顺序不会改变博弈方的值,全体博弈方的 Shapley 值之和等于各联盟的 Shapley 值之和,两个独立博弈的 Shapley 值之和等于这两个博弈方合并后的 Shapley 值。Marichal[113] 提出了广义的 Shapley 指标值,孟凡永[112] 提出了广义的 λ-Shapley Choquet 积分模糊测度,其表达式如下:

$$\varphi_B^{\text{Sha}}(\mu,T)=\sum_{A\subseteq T\setminus B}\frac{(n-b-a)!a!}{(n-b+1)!}(\mu(B\cup A)-\mu(A)),\quad \forall K\subseteq S$$

上式中,μ 为 S 上的模糊测度。当 $K=\{i\}$ 时,则有

$$\varphi_i^{\text{Sha}}(\mu,T)=\sum_{B\subseteq T\setminus i}\frac{(n-b)!(b-1)!}{n!}\mu(i)\prod_{j\in K}[1+\lambda\mu(j)],\quad \forall i\in T$$

上式中,$\mu(i)\prod\limits_{j\in K}[1+\lambda\mu(j)]$ 反映因素值 i 的参与对联盟 T 特征值的影响,即参与的因素值 i 对因素值联盟 T 的模糊测度的影响。$\frac{(n-b)!(b-1)!}{n!}$ 等于参与的因素值 i 参与因素值联盟 S 的概率。

例 4.2 以例 4.1 的背景为前提,进行如下计算。

(1) 当因素值的集合为 B 并且是空集时,因素值集合 $\{x_1\}$ 的 Shapley 值:

$$\varphi^{\text{Sha}}(x_1)_0=\frac{1}{3}\times[\mu(x_1)-\mu(\varnothing)]=0.1$$

(2) 当因素值的集合为 B 并且是 $\{x_1,x_2\}$、$\{x_1,x_3\}$ 时,Shapley 值为

$$\varphi^{\text{Sha}}(x_1)_1=\frac{1}{6}\times[(\mu(x_1,x_2)-\mu(x_2))+(\mu(x_1,x_3)-\mu(x_3))]=0.033\ 3$$

(3) 当因素值的集合为 B 并且是 $\{x_1,x_2,x_3\}$ 时,Shapley 值为

$$\varphi^{\text{Sha}}(x_1)_2=\frac{1}{3}\times[(\mu(x_1,x_2,x_3)-\mu(x_2,x_3))]=0.183\ 3$$

因此,准则值 $\{x_1\}$ 对整个联盟 $\{x_1,x_2,x_3\}$ 的整体期望贡献为

$$\varphi_1^{\text{Sha}}=\varphi^{\text{Sha}}(x_1)_0+\varphi^{\text{Sha}}(x_1)_1+\varphi^{\text{Sha}}(x_1)_2=0.316\ 7$$

从计算的过程可知,例 4.2 得到的 0.316 7 比例 4.1 得到的 $\mu(x_1)=0.3$ 更加客观、合理。

广义的 λ-Shapley Choquet 积分模糊测度反映的不仅仅是每个专家(局中人)、单个因素值或专家(联盟)之间、因素值(联盟)之间对整个联盟的一种贡献值。它反映的是每个专家(局中人)、单个因素值或专家(联盟)之间、因素值(联盟)之间对整个联盟的整体平均贡献。由于 Shapley 值较好的优点,一些学者将广义的 λ-Shapley Choquet 积分模糊测度应用于模糊多因素决策方法中[96,97,110-112,114,115]。对偶犹豫模糊因素间存在相互作用的 Shapley Choquet 多因素决策理论研究还远

未成熟，许多问题亟待解决。

综上，对偶犹豫模糊环境下的信息集结问题已引起研究学者的重视，许多传统和新兴的不确定性系统理论与方法为本章的研究提供了借鉴和参考。从整体上来看，本章遵循提出问题—分析问题—解决问题的研究思路，将理论和方法研究与应用研究相结合，将定性研究与定量研究相结合，从确定型偏好、风险型偏好和不确定型偏好 3 个角度出发，介绍基于决策者偏好视角的对偶犹豫模糊多因素决策的典型理论与方法。

4.2　基于前景理论的对偶犹豫模糊 TOPSIS 多因素群决策方法

4.2.1　基本理论知识

1. 对偶犹豫模糊集

定义 4.1[31]　设 X 为一给定的论域，则在论域 X 上的对偶犹豫模糊集定义为

$$D=\{<x,h(x),g(x)>|x\in X\} \tag{4-1}$$

其中，$h(x)$和 $g(x)$是由区间$[0,1]$上几个不同的数构成的集合，$h(x)$表示 $x\in X$ 的若干可能隶属度，$g(x)$表示 $x\in X$ 的若干可能非隶属度，并且在集合 D 中满足：

$$\gamma\in h(x),\quad \eta\in g(x),\quad 0\leqslant\gamma,\eta\leqslant 1,\quad 0\leqslant\gamma^{+}+\eta^{+}\leqslant 1$$

其中：

$$\gamma^{+}\in h(x)^{+}=\bigcup_{\gamma\in h(x)}\max\{\gamma\},\quad \eta^{+}\in g(x)^{+}=\bigcup_{\eta\in g(x)}\max\{\eta\}$$

为了方便起见，定义 $d(x)=\{h(x),g(x)\}$为对偶犹豫模糊元。

定义 4.2[31]　设 $D=\{\langle x,h(x),g(x)\rangle|x\in X\}$为定义在 $x\in X$ 上的一个对偶犹豫模糊集，则有

$$D^{c}=\begin{cases}\bigcup_{\gamma\in h,\eta\in g}\{\{\eta\},\{\gamma\}\}, & g\neq\varnothing,h\neq\varnothing\\ \bigcup_{\gamma\in h}\{\{1-\gamma\},\{\varnothing\}\}, & g=\varnothing,h\neq\varnothing\\ \bigcup_{\eta\in g}\{\{\varnothing\},\{1-\eta\}\}, & g\neq\varnothing,h=\varnothing\end{cases} \tag{4-2}$$

且$(D^{c})^{c}=D$，即对偶犹豫模糊集补集的补集为其本身。

定义 4.3[116-118] 设 $d_i=(h_i,g_i)(i=1,2)$ 为定义在 $x\in X$ 上的两个对偶犹豫模糊元,则其得分函数定义为

$$S(d_i)=\frac{1}{\# h}\sum_{\gamma\in h(x)}\gamma-\frac{1}{\# g}\sum_{\eta\in g(x)}\eta,\quad i=1,2 \tag{4-3}$$

其精确函数定义为

$$P(d_i)=\frac{1}{\# h}\sum_{\gamma\in h(x)}\gamma+\frac{1}{\# g}\sum_{\eta\in g(x)}\eta,\quad i=1,2 \tag{4-4}$$

其中,$\# h$、$\# g$ 分别为 h_i、g_i 中元素的个数,且有

① 如果 $S(d_1)>S(d_2)$,则 $d_1>d_2$;

② 如果 $S(d_1)=S(d_2)$,则 $d_1=d_2$;

③ 如果 $P(d_1)>P(d_2)$,则 $d_1>d_2$;

④ 如果 $P(d_1)=P(d_2)$,则 $d_1=d_2$。

2. 前景理论

前景理论是以“有限理性”为前提,包含决策者偏好风险特征,强调参照依赖、损失规避等行为特征的决策理论。这种决策理论考虑决策者的主观风险偏好,在评选阶段,依据价值函数和权重函数决定的前景价值大小选择方案。前景价值理论认为决策者在面对收益时,会偏好选择规避风险,维持当前收益水平;面对损失时,偏好选择风险,有“赌一把”的心理,迫切获得收益。即,相比收益,决策者对损失更加敏感。除此之外,前景价值大小与选择参照依赖水平高低有很大关联。前景价值函数定义如下:

$$V_p=\sum_{i=1}^{k}\left[w(p_i)\cdot\nu(\Delta x_i)\right]$$

其中,V_p 为前景价值;$w(p_i)$ 为权重函数,表示决策者对评价指标的主观评价(权重);Δx_i 为偏离参照依赖水平差值;$v(\Delta x_i)$ 为价值函数,是决策者根据收益或损失产生的主观感受的价值。

Tversky 定义的价值函数 $\nu(\Delta x)$ 为[119]

$$\nu(\Delta x)=\begin{cases}\Delta x^{\alpha}, & \Delta x\geqslant 0\\ -\theta\,(-\Delta x)^{\beta}, & \Delta x<0\end{cases}$$

其中,Δx 为 x 与参照依赖值的差值;$\Delta x\geqslant 0$ 表示获得收益,$\Delta x<0$ 表示惨遭损失;α 是决策者面对收益的敏感系数,β 是决策者对损失的反应系数,θ 表示损失多于收益的敏感程度,其中 $\alpha>0,\beta<1,\theta>1$。根据现有理论[119],可令 $\alpha=\beta=0.88,\theta=$

2.25。当以正、负理想解作为参照依赖水平时，可利用对偶犹豫模糊的相关加权系数表示各个方案与理想方案的差值，定义对偶犹豫模糊环境下的前景价值函数。

定义 4.4　设两个犹豫模糊数具有相同个数，即 $h_1=H\{\gamma_1^\lambda|\lambda=1,2,\cdots,l\}$ 和 $h_2=H\{\gamma_2^\lambda|\lambda=1,2,\cdots,l\}$，若以犹豫模糊数 h_2 为决策参考点，则犹豫模糊数的前景价值函数为

$$\nu(h_1)=\begin{cases}(\rho_w(h_1,h_2))^\alpha, & h_1\geqslant h_2\\ -\theta\,(\rho_w(h_1,h_2))^\beta, & h_1<h_2\end{cases}\tag{4-5}$$

3. 对偶犹豫模糊集的相关系数

设 $H=\{\langle x_i,f_H(x_i),g_H(x_i)\rangle|x_i\in X,i=1,2,\cdots,n\}$，$D=\{\langle x_i,f_D(x_i),g_D(x_i)\rangle|x_i\in X,i=1,2,\cdots,n\}$ 为两个对偶犹豫模糊集，则其满足如下定义。

定义 4.5[66]　H 的信息能量为

$$E(H)=\sum_{i=1}^{n}\frac{1}{l_i}\Big(\sum_{j=1}^{l_i}[f_{H\sigma(j)}^2(x_i)+g_{H\sigma(j)}^2(x_i)]\Big)$$

定义 4.6[66]　两个对偶犹豫模糊集 H 和 D 的相关性指标为

$$C(H,D)=\sum_{i=1}^{n}\frac{1}{l_i}\Big(\sum_{j=1}^{l_i}[f_{H\sigma(j)}(x_i)f_{D\sigma(j)}(x_i)+g_{H\sigma(j)}g_{D\sigma(j)}(x_i)]\Big)$$

定义 4.7[34]　H 和 D 的相关系数为

$$\rho(H,D)=\frac{C(H,D)}{[E(H)\cdot E(D)]^{\frac{1}{2}}}=$$

$$\sum_{j=1}^{n}\frac{1}{l_i}\Big(\sum_{j=1}^{l_i}[f_{H\sigma(j)}(x_i)f_{D\sigma(j)}(x_i)+g_{H\sigma(j)}g_{D\sigma(j)}(x_i)]\Big)\times$$

$$\left\{\sum_{j=1}^{n}\frac{1}{l_i}\left(\sum_{j=1}^{l_i}\frac{1}{l_i}[f_{H\sigma(j)}^2(x_i)+g_{H\sigma(j)}^2(x_i)]\right)\right\}^{-\frac{1}{2}}\times$$

$$\left\{\sum_{j=1}^{n}\frac{1}{l_i}\left(\sum_{j=1}^{l_i}\frac{1}{l_i}[f_{D\sigma(j)}^2(x_i)+g_{D\sigma(j)}^2(x_i)]\right)\right\}^{-\frac{1}{2}}$$

定义 4.8[34]　设权重向量为 $w=(w_1,w_2,\cdots,w_n)^{\mathrm{T}}$，满足 $\sum_{i=1}^{n}w_i=1,w_i\geqslant 0$，$i=1,2,\cdots,n$，则称

$$\rho_w(H,D)=\sum_{j=1}^{n}\frac{w_i}{l_i}\Big(\sum_{j=1}^{l_i}[f_{H\sigma(j)}(x_i)f_{D\sigma(j)}(x_i)+g_{H\sigma(j)}(x_i)g_{D\sigma(j)}(x_i)]\Big)\times$$

$$\left\{\sum_{j=1}^{n}\frac{w_i}{l_i}\left(\sum_{j=1}^{l_i}\frac{1}{l_i}\left[f_{H\sigma(j)}^2(x_i)+g_{H\sigma(j)}^2(x_i)\right]\right)\right\}^{-\frac{1}{2}}\times$$

$$\left\{\sum_{j=1}^{n}\frac{w_i}{l_i}\left(\sum_{j=1}^{l_i}\frac{1}{l_i}\left[f_{D\sigma(j)}^2(x_i)+g_{D\sigma(j)}^2(x_i)\right]\right)\right\}^{-\frac{1}{2}} \tag{4-6}$$

为 H 和 D 的加权相关系数。可以证明 H 和 D 满足以下性质。

性质 4.1 $C(H,D)$ 为 H 和 D 的相关性指标,有

① $C(H,H)=E(H)$;

② $C(H,D)=C(D,H)$。

性质 4.2 $\rho(H,D)$ 为 H 和 D 的相关系数,有

① $\rho(H,D)=\rho(D,H)$;

② $0\leqslant\rho(H,D)\leqslant 1$;

③ $\rho(D,D)=1$。

性质 4.3 $\rho_w(H,D)$ 为 H 和 D 的加权相关系数,有

① $\rho_w(H,D)=\rho_w(D,H)$;

② $0\leqslant\rho_w(H,D)\leqslant 1$;

③ $\rho_w(D,D)=1$。

4.2.2 对偶犹豫模糊集熵

熵在物理学中表示事物的混乱程度,可以用来刻画决策信息的不确定程度。熵权法作为确定权重的客观赋权法,可被用于计算对偶犹豫模糊多因素群决策问题的因素权重。在满足对偶犹豫模糊集熵基本性质的前提下,构建一种计算对偶犹豫模糊集熵值的计算公式,其定义如下。

定义 4.9 设 $H=\{\langle x_i,f_H(x_i),g_H(x_i)\rangle\mid x_i\in X,i=1,2,\cdots,n\}$ 为论域 X 上的任一对偶犹豫模糊集,熵为

$$E(H)=\frac{1}{2}\Bigg(\Bigg(1-\frac{2}{lT}\sum_{i=1}^{l}\Bigg(\frac{1}{2}((1+qf_H^{\sigma(j)})\ln(1+qf_H^{\sigma(j)})+$$

$$(1+q(1-f_H^{\sigma(l-i+1)}))\ln(1+q(1-f_H^{\sigma(l-i+1)})))-$$

$$\frac{1}{4}((2+qf_H^{\sigma(j)}+q(1-f_H^{\sigma(l-i+1)}))\ln(2+qf_H^{\sigma(j)}+q(1-f_H^{\sigma(l-i+1)})))\Bigg)\Bigg)+$$

$$\Big(1-\frac{2}{lT}\sum_{i=1}^{l}\Big(\frac{1}{2}((1+qf_H^{\sigma(j)})\ln(1+qf_H^{\sigma(j)})+(1+q(1-f_H^{\sigma(l-i+1)}))\cdot$$
$$\ln(1+q(1-f_H^{\sigma(l-i+1)})))-\frac{1}{4}((2+qf_H^{\sigma(j)}+q(1-f_H^{\sigma(l-i+1)}))\cdot$$
$$\ln(2+qf_H^{\sigma(j)}+q(1-f_H^{\sigma(l-i+1)})))\Big)\Big)\Big) \tag{4-7}$$

其中，${f_H}^{\sigma(j)}$ 表示对偶犹豫模糊集 H 对应的 $f_H(x_i)$ 中第 i 大的元素，且 $q>0$，$T=(1+q)\ln(1+q)-(2+q)(\ln(2+q)-\ln 2)$。可以证明对偶犹豫模糊集熵 $E(H)$ 满足如下性质。

性质 4.4　当 $H=(\{0\},\{1\})$ 或 $(\{1\},\{0\})$ 时，$E(H)=0$。

性质 4.5　若 $f_H=g_H$，则 $F(H)=1$。

性质 4.6　$E(H)=E(H^c)$。

性质 4.7　设 D 是论域 X 上的另一对偶犹豫模糊集，$\forall i, f_{D\sigma(j)}(x_i)\leqslant g_{D\sigma(j)}(x_i)$，$f_{H\sigma(j)}(x_i)\leqslant f_{D\sigma(j)}(x_i)$，$g_{H\sigma(j)}(x_i)\geqslant g_{D\sigma(j)}(x_i)$。则 $E(H)\leqslant E(D)$ 成立。且有

$$T=\frac{1}{2}(1+q)\ln(1+q)-\Big(\frac{1}{2}+\frac{q}{8}+\frac{q}{8}\ln(2+q)\Big),\quad q>0$$

以下证明熵值公式满足上述 4 条性质。

证明：将 $H=(\{1\},\{0\})$ 代入熵值公式，得

$$E(H)=\frac{1}{2}\Big(\Big(1-\frac{2}{T}\Big(\frac{1}{2}(1+q)\ln(1+q)-\frac{1}{4}\times(2+q)\Big)\Big)+$$
$$\Big(1-\frac{2}{T}\Big)\Big(\frac{1}{2}(1+q)\ln(1+q)-\frac{1}{4}\times(2+q\ln(2+q)\Big)\Big)$$

将 $q>0$，$T=\frac{1}{2}(1+q)\ln(1+q)-\Big(\frac{1}{2}+\frac{q}{8}+\frac{q}{8}\ln(2+q)\Big)$ 代入 $E(H)$，得 $E(H)=\frac{1}{2}(1-1)=0$。同理，将 $H=(\{0\},\{1\})$ 代入熵公式，得到 $E(H)=0$。

综上，熵值公式满足性质 4.4。

任取一对偶犹豫模糊集 $H=\{\langle x_i, f_H(x_i), g_H(x_i)\rangle \mid x_i\in X, i=1,2,\cdots,n\}$，令 $f_H=g_H=(x_1,x_2,\cdots,x_n)$，用 f_H 代替 g_H 并代入熵值公式，得

$$E(H)=1-\frac{2}{lT}\sum_{i=1}^{l}\Big(\frac{1}{2}((1+qf_H^{\sigma(j)})\ln(1+qf_H^{\sigma(j)})+$$
$$(1+q(1-f_H^{\sigma(l-i+1)}))\ln(1+q(1-f_H^{\sigma(l-i+1)})))-$$
$$\frac{1}{4}((2+qf_H^{\sigma(j)}+q(1-f_H^{\sigma(l-i+1)}))\ln(2+qf_H^{\sigma(j)}+q(1-f_H^{\sigma(l-i+1)})))\Big)$$

根据对偶犹豫模糊集熵的性质[96]，可证 $E(H)=1$。

综上，熵值公式满足性质 4.5。

任取一对偶犹豫模糊集 $H=\{\langle x_i,f_H(x_i),g_H(x_i)\rangle|x_i\in X,i=1,2,\cdots,n\}$，则 $H^c=\{\langle x_i,g_H(x_i),f_H(x_i)\rangle|x_i\in X,i=1,2,\cdots,n\}$，将 H,H^c 代入熵值公式，f_H 和 g_H 的运算公式相同，所以计算结果为 $E(H)=E(H^c)$。

综上，熵值公式满足性质 4.6。

在论域 X 上任取两个对偶犹豫模糊集：

$$H=\{\langle x_i,f_H(x_i),g_H(x_i)\rangle|x_i\in X,i=1,2,\cdots,n\}$$

$$D=\{\langle x_i,f_D(x_i),g_D(x_i)\rangle|x_i\in X,i=1,2,\cdots,n\}$$

在数集上取 x_1,x_2,x_3 且满足 $x_1\leqslant x_2\leqslant x_3$，令 $f_D=(2x_1,2x_2,2x_3)$，$g_D=(3x_1,3x_2,3x_3)$，$f_H=(x_1,x_2,x_3)$，$g_H=(4x_1,4x_2,4x_3)$，则对偶犹豫模糊集 H、D 满足 $\forall i$，$f_{D\sigma(j)}(x_i)\leqslant g_{D\sigma(j)}(x_i)$，$f_{H\sigma(j)}(x_i)\leqslant f_{D\sigma(j)}(x_i)$，$g_{H\sigma(j)}(x_i)\leqslant g_{D\sigma(j)}(x_i)$，根据对偶犹豫模糊集的定义，易得出 $x_1,x_2,x_3\in[0,0.2]$，代入公式计算两个对偶犹豫模糊集的熵 $E(H)$、$E(D)$，根据对数函数 $\ln(x)$ 微分变化规律，易证 $E(D)-E(H)\geqslant 0$，即 $E(H)\leqslant E(D)$。

综上，熵值公式满足性质 4.7。

4.2.3 前景理论下对偶犹豫模糊 TOPSIS 多因素决策模型的构建

1. 问题描述

在将对偶犹豫模糊集与因素空间理论结合的基础上建立多因素决策模型，令 $X=\{x_1,x_2,\cdots,x_m\}$ 为方案集，令 $C=\{c_1,c_2,\cdots,c_n\}$ 为评价因素集，不同领域专家构成专家集 $E=\{e_1,e_2,\cdots,e_k\}$，由于时间压力和其他因素对决策问题的影响，确定程度与不确定程度有所差别。假设专家 e_k 利用因素集 $C=\{c_1,c_2,\cdots,c_n\}$ 对方案进行评估，其中因素集的权重 $\boldsymbol{w}$ 未知。专家 $e_k(i=1,2,\cdots,K)$ 根据经验给出方案 $x_m(m=1,2,\cdots,M)$ 在因素 $c_n(n=1,2,\cdots,N)$ 上的评价值 a_{ij}，从而构成 K 个决策矩阵 $\mathbf{A}_K=(a_{ij})_{M\times N}$，其中，专家对候选公司的评价值 a_{ij} 采用对偶犹豫模糊集。L 公司负责承包 M 大学的图书馆新建工程，拟从当地建材公司购买水泥材料，现有 m 家建材公司作为供应商备选，建设工程供应商评价指标因素包括：质量(Q)、成本(C)、交付(D)和服务(S)。L 公司邀请技术专家从 4 个评价指标综合评价投标

的 m 个候选公司，当专家数为 1 时，利用建设工程供应商评价指标因素构建对应于方案的决策矩阵 $\boldsymbol{A}=(a_{ij})_{m\times 4}$：

$$\boldsymbol{A}=\begin{pmatrix} a_{11} & \cdots & a_{14} \\ \vdots & & \vdots \\ a_{m1} & \cdots & a_{m4} \end{pmatrix}$$

2. 确定各因素权重

利用熵权法计算对偶犹豫模糊多因素群决策问题的因素权重，包含以下 3 个步骤。

步骤 1　数据同向处理

不同的对偶犹豫模糊集 H 和 D 中，集合 $f_H(x_i)$、$g_H(x_i)$、$f_D(x_i)$、$g_D(x_i)$所包含的元素个数可能不一样，若 $f_H(x_i)$、$g_H(x_i)$、$f_D(x_i)$、$g_D(x_i)$中任意两个集合中元素个数不同，则采用悲观准则，添加集合中最小的元素使得 $l(f_H(x_i))=l(g_H(x_i))=l(f_D(x_i))=l(g_D(x_i))$。其中，$l(f_H(x_i))$、$l(g_H(x_i))$、$l(f_D(x_i))$、$l(g_D(x_i))$分别表示 $f_H(x_i)$、$g_H(x_i)$、$f_D(x_i)$、$g_D(x_i)$中的元素个数。

利用悲观准则[111]，保持对偶犹豫模糊集的隶属度与非隶属度的元素数量相等，构造标准化决策矩阵$\bar{\boldsymbol{A}}$：

$$\bar{\boldsymbol{A}}=\begin{pmatrix} \bar{a}_{11} & \cdots & \bar{a}_{14} \\ \vdots & & \vdots \\ \bar{a}_{m1} & \cdots & \bar{a}_{m4} \end{pmatrix}$$

步骤 2　计算因素各评价值的熵

根据定义 4.9 中关于对偶犹豫模糊集的熵值公式(4-7)，计算出各评价值的熵。其中，取 q 值为 1[120]。

步骤 3　计算评价指标的权重

利用熵权法，计算评价指标体系中各评价因素的权重，第 j 个指标的权重为

$$w_j=\frac{\sum_{i=1}^{m}1-E_{ij}}{\sum_{i=1,j=1}^{m,n}(1-E_{ij})},\quad i=1,2,\cdots,m,\quad j=1,2,\cdots,n \tag{4-8}$$

3. 备选方案排序与选择

在评选阶段，前景价值的大小取决于指标权重大小与各方案价值函数值，对参照水平具有很大的依赖程度。在对各方案的评价值中，选取最小值集合作为最差

收益水平，并将其看作负参照点，相较于负参照点，各方案均为收益，同时该参照水平也考虑到决策者面对损失敏感程度更高的实际情况。利用对偶犹豫模糊集的加权相关系数计算出各方案与正负理想方案的相关程度，并将其作为差值 Δx_i，从而确定各方案相对应参照点的价值。结合评价指标权重可以计算出各方案的前景价值大小，最后通过比较前景价值大小选择最优供应商方案。具体步骤如下。

步骤 1　确定负参照水平，设 x^- 为负参照解，其中：

$$x^- = \{d_j, \min_{i=1}^{m} f(x_{ij}^{\lambda}), \min_{i=1}^{m} g(x_{ij}^{\lambda})\} = \{d_j, A(\tilde{a}_j^1)^-, (\tilde{a}_j^2)^-, \cdots, (\tilde{a}_j^l)^-\}$$

$$j=1,2,\cdots,n,\quad \lambda=1,2,\cdots,l \tag{4-9}$$

步骤 2　确定加权相关系数，用对偶犹豫模糊集的加权相关系数表示各备选方案与负参照解的距离，代入式(4-6)计算加权相关系数 ρ_w。

步骤 3　将各方案与负参照解加权相关系数代入对偶犹豫模糊数的前景价值公式(4-5)中，计算各方案的前景价值大小。

步骤 4　对各方案的前景价值进行排序，选择前景价值最大方案的候选公司为最优供应商合作伙伴。

4.2.4　建设工程中的供应商选择的实例

建设工程中的供应商选择主要位于建设公司与施工企业之间、建筑材料公司与施工企业之间以及建寺企业和顾客之间，在整个建设工程活动中不可或缺。21世纪以来，我国经济飞速发展，人们对于美好生活的需求越来越迫切，建筑行业蓬勃发展并且前途良好，建设工程供应商的选择问题亟待采用更科学的决策方法来完善，下面以实际生活中的算例来说明。

漯河市舞阳县“首府”项目坐落于舞阳县北大街与解放路交叉口。项目建设总占地面积 83 532.00 m²。地上建筑面积约为 32 335.00 m²，其中住宅面积约 208 757.00 m²，共 50 栋(28 栋 20 层，8 栋 10 层，8 栋 9 层，6 栋 7 层)；商业面积约 10 780.00 m²，共 4 栋(2 层)；物业用房约 1 520.00 m²；社区用房约 11 278.00 m²。地下建筑面积约为 30 852.15 m²，容积率 2.30，绿地率 38.6%，建筑密度 26.3%。总停车位 2 000 个，其中地上停车位 300 个，地下一层车库停车位 1 700 个。项目于 2018 年 3 月开工，于 2021 年 6 月年完成房源交房。目前正在进行二期工程建设，在材料供应商的选择问题中，选择了 3 个过去合作过的建材公司 A、B、C 作为候选公司，项目上的技术专家对这 3 个候选公司从质量(Q)、成本(C)、交货(D)、服务(S)上进行综合评价。

步骤 1　对每个指标的评价值用对偶犹豫模糊集的形式表示，根据专家给出的评价结果，构造出指标评价结果相对于各候选公司的对偶犹豫模糊集决策矩阵 $\boldsymbol{M}$，如表 4-1 所示。

表 4-1　对偶犹豫模糊集决策矩阵 $\boldsymbol{M}$

	Q	D	C	S
A	(0.4),(0.1,0.2)	(0.3,0.4),(0.4,0.5)	(0.2,0.4),(0.5)	(0.5),(0.4)
B	(0.5,0.6),(0.3)	(0.1,0.3),(0.4)	(0.4),(0.3)	(0.2,0.3),(0.6)
C	(0.5),(0.2)	(0.3,0.5),(0.2,0.4)	(0.3,0.4),(0.4,0.6)	(0.4,0.5),(0.2)

步骤 2　对数据进行同向处理，保持对偶犹豫模糊集元素在数量上的一致性，构建标准对偶犹豫模糊矩阵，如表 4-2 所示。

表 4-2　标准对偶犹豫模糊矩阵 $\bar{M}$

	Q	D	C	S
A	(0.4,0.4),(0.1,0.2)	(0.3,0.4),(0.4,0.5)	(0.2,0.4),(0.5,0.5)	(0.5,0.5),(0.4,0.4)
B	(0.5,0.6),(0.3,0.3)	(0.1,0.3),(0.4,0.4)	(0.4,0.4),(0.3,0.3)	(0.2,0.3),(0.6,0.6)
C	(0.5,0.5),(0.2,0.2)	(0.3,0.5),(0.2,0.4)	(0.3,0.4),(0.4,0.6)	(0.4,0.5),(0.2,0.2)

步骤 3　将决策矩阵中的评价指标值代入式(4-7)，计算各指标评价值的熵，结果如表 4-3 所示。

表 4-3　对偶犹豫模糊熵矩阵 $\tilde{M}$

	Q	D	C	S
A	0.433	0.779	0.593	0.811
B	0.572	0.625	0.829	0.374
C	0.537	0.745	0.631	0.434

步骤 4　将同一指标的不同评价值的熵代入式(4-8)，计算出各指标的权重：

$$w_Q=\frac{1.458}{4.637}\approx 0.31,\quad w_D=\frac{0.851}{4.647}\approx 0.18,\quad w_C=\frac{0.947}{4.637}\approx 0.21,\quad w_S=\frac{1.381}{4.637}\approx 0.30$$

步骤 5　根据式(4-9)确定各指标的负参照点：

$$x_Q^- = (0.4,0.4),(0.1,0.2),\quad x_D^- = (0.1,0.3),(0.2,0.4)$$

$$x_C^- = (0.2,0.4),(0.3,0.3),\quad x_S^- = (0.2,0.3),(0.2,0.2)$$

步骤 6　将评价指标的各项数据代入式(4-6),计算各方案与负参照点的加权相关系数 ρ_w：

$$\rho_{wA} = 0.003\,91,\quad \rho_{wB} = 0.004\,13,\quad \rho_{wC} = 0.003\,90$$

步骤 7　将加权相关系数代入前景价值公式(4-5)中,计算各方案的前景价值大小：

$$v(A) = 0.007\,605,\quad v(B) = 0.007\,981,\quad v(C) = 0.007\,588$$

步骤 8　将各方案的前景价值从大到小排序：

$$B > C > A$$

根据前景价值排序结果,从质量、成本、交付、服务 4 个指标方面进行综合评价,选择 B 公司作为供应商伙伴最佳。

4.3　本章小结

本章主要介绍了对偶犹豫模糊集和多因素决策相关理论的发展历程,主要阐述了一种解决工程供应商选择问题的多因素决策方法,对解决工程供应商选择问题的多因素决策方法进行了探索,在供应链的环境下,对工程相关企业具有一定的借鉴意义。本章主要内容如下。

第一,在日益复杂的实际生活中,经典数学并不能完整准确地描绘所有的信息,模糊数学的出现弥补了这一缺陷。对偶犹豫模糊集是模糊集理论的重要组成部分,其综合考虑了隶属度与非隶属度,完整地表述了确定与不确定程度,在实际问题中应用地较为广泛。对偶犹豫模糊集是近些年提出的新理论,目前该方面的研究并不多,因此基于对偶犹豫模糊信息下的关于建设工程供应商的选择方案是模糊理论的有力扩展。

第二,对于供应商选择和评价的具体问题,本章介绍了一种模糊综合评价法与前景理论相结合的多因素决策方法。该方法定义了一个计算对偶犹豫模糊集熵的公式,利用熵权法确定了评价指标权重,在前景价值理论背景下,定义了对偶犹豫模糊集的前景价值函数，最后利用对偶犹豫模糊集的加权相关系数和指标权重与计算方案的前景价值进行了方案的排序，选出了最优方案。前景理论考虑了决策者的心理行为特征对决策过程的影响，避免了决策过程中绝对理论化的判断，并且具有较强的灵活性，可以依靠参数调整来适应不同的均衡决策要求。用对偶犹豫模糊集的加权相关程度作为尺度衡量两个模糊集的差值，可以解决评价结果不合理的问题，从而得到更合理、可靠的决策效果。

第5章　考虑可信度和方案偏好的区间值对偶犹豫模糊前置仓选址决策方法

5.1　前置仓选址

5.1.1　前置仓选址背景

新零售，是企业在互联网的大环境下，使用先进技术手段，如云计算、人工智能、大数据等，结合互联网提升产品整个供应链环节的效率，从而调整业态结构与改善生态圈，并融合线上、线下和物流的零售新模式。该模式需要将线上电商的新技术手段和线下实体零售门店的网络、消费者行为，以及线上、线下的物流、供应链和客户基础等资源进行整合。这样的模式可以为线下导入线上流量，扩充两方的业务规模、使资源协调互补。在电商增速减慢、实体零售渐渐恢复以及消费模式转变的背景下，可以说，零售模式最终将走上线上、线下深度融合的道路。

在供应链中，线上、线下和物流的数据、技术深度融合，可以优化消费者的购物体验。目前，电商的增速放缓，网络销售遭遇瓶颈，线上的利润基本消失；线上的数据已非常庞大，企业可以通过分析顾客在线上商店的购买行为，了解顾客的需求；末端配送的时效性会影响新零售的全过程，制约着新零售的长期发展。因此，面对新零售快速、及时、准确的市场需求，快递物流企业纷纷走向了新的发展道路，物流模式发生了改变，从传统的物流配送模式“电商平台＋快递企业＋消费者”转变为“电商平台＋前置仓＋即时物流”。即时物流是“互联网＋创新”的体现，物流体系朝着高频率、多批次、小批量方向发展。即时物流解决了物流环节中的“最后一公里”问题，成为影响市场格局的关键因素。

即时物流的兴起带来了前置仓。前置仓是企业的整个物流体系内，距离店铺和用户最近的物流节点。前置仓既能保证生鲜的鲜活度又能降低冷链物流成本。阿里“零售通”通过前置仓，节约了一半以上的物流资源，使商品、数据流转效率提高了一倍。

因此，前置仓布局已成为影响生鲜物流企业发展的核心竞争力。从局部来看，前置仓所处的地理位置、周围经济水平、人群密集程度等都会直接影响配送的速度、覆盖范围以及基础建设成本。从整体来看，每一个前置仓的点位都会影响整个物流系统的布局，从而影响整个新零售体系的未来走向。因此，前置仓的选址至关重要，是新零售环节中的关键点，是减少物流总费用、提升配送效率的关键环节。

近年来，物流选址方法向着模型化、数量化发展，而实际上环境、经济等因素不能用精确的数据来描述，因此构建一套能够权衡选址中的不确定因素的模型是当务之急。先前的物流选址模型大多以精确数的形式呈现，但实际上，由于选址自身存在不确定性且较为繁杂，决策者的知识结构、偏好信息也并不完全一致，因此，决策者在评价物流选址方案时，一般会采用“一般”“稍差”“较好”等模糊变量形式。而在特殊环境下，人们由于对方案的了解程度不够、对某领域知识缺乏或对某些指标有偏好，不能对方案进行科学、有效的评价，因此需要建立既能够考虑模糊信息，又能够保持信息完整性与真实性的评价体系。而基于可信度的区间值对偶犹豫模糊多因素决策方法，考虑了决策环境的复杂性、不确定性以及专家知识程度偏好性，可以使决策结果更加贴合实际。

5.1.2　前置仓选址的特征

前置仓与中心仓、后置仓不同，它具有占地面积小、距离生活区较近、用户数较为集中和出货频率高、批量小等特点，尤其是前置仓作为物流环节的最后节点，以服务质量和时效性为核心竞争力，对交易时间和配送质量提出了严苛的要求，如生鲜流通作业环节对订单的响应速度和配货速度提出了很高的要求，所以在配送过程中时效性成了整个环节的重要影响因素。基于前置仓的特殊性质,前置仓在选址的时候,需考虑以下特征。

1. 用户分布集中

电商经过了十几年的发展,消费者对配送的时效性要求越加严苛,为了满足消费者快速、准时的配送需求,前置仓应运而生。前置仓是更接近消费者的小型存储单元,主要为附近人群提供服务,配送特点为批量小、高频次。其中,高频次要求有较大的用户基数,所以前置仓的选址应靠近用户密集的地方。此外,前置仓的主要经营商品对时间的要求较高,如生鲜、水果等食品,因此前置仓的选址应在生活区、商圈附近。

2. 辐射范围较小

前置仓是距离消费者较近的微型仓库,可以容纳的物品数量和种类有限,仅能为附近用户提供服务,不足以支撑大范围用户的需求。所以在前置仓选址时,要考虑提供的服务仅辐射较小的范围。例如,每日优鲜对前置仓的定位为形成 3 公里的圆形覆盖网,每个前置仓主要为 3 公里以内的客户提供服务。

3. 占地面积较小

与中心仓不同,前置仓存放的物品种类少、数量少,相当于一个不对外营业的社区店,不需要宽敞的通道来营造良好的购物体验,因此前置仓的摆货紧凑率高于传统的店铺。所以,前置仓的占地面积比中心仓小很多。

4. 租金较低

前置仓相当于一个不对外营业的社区店,不需要优越的地理位置来吸引客源,它需要的硬件条件比实体店铺宽松一些,不必拘泥于传统意义上好的市口,这也使得其租金比同等面积商铺的低。例如,每日优鲜的前置仓租金是同等面积商铺租金的三分之一到五分之一。

5.1.3 前置仓选址的一般原则

前置仓的选址过程较为复杂,在分析所有可能的备选方案时,需要决策者按照一定的标准进行评价,根据这些标准比较他们的优、缺点,从而选出最为适合的选址方案。虽然前置仓与物流中心的功能不太相近,但宏观目标一致,以物流中心的选址原则为基础,确立前置仓的选址的原则。

1. 适应性原则

在宏观上，前置仓的选址要符合政策性文件的要求；在微观上，前置仓的设立要考虑该地区的市场环境和经济水平。

2. 协调性原则

前置仓的选址会影响整个供应链的服务质量，是影响整个供应链质量的关键节点。所以前置仓在选址时要充分考虑下端的可消费人群所在地，更要在交通条件、配送速率等方面协调需求与供应的平衡。

3. 经济性原则

所有项目的设立都是为了达到顾客和企业双赢的局面，前置仓的设立一方面是为了满足顾客的需求，另一方面是为了盈利。所以在设立前置仓时应综合考虑建仓及运营中的成本问题。

4. 战略性原则

由于前置仓是多点配合，所以在选址时要考虑整体布局，不仅要在当下满足顾客和企业的需求，为了前置仓的持续健康发展，还要考虑发展的长远性。

5.1.4　前置仓选址评价指标

由于前置仓是处于城市中的微型仓库，因此其选址与传统的物流中心选址不同。为了提高前置仓选址的经济性、可操作性，避免因选址不合理而导致的人、财、物的浪费，可建立如下的前置仓选址的评估指标体系。影响前置仓选址的评价指标为交通条件、顾客密集度分布、竞争对手数量及分布、租金费用和布局规划。

1. 交通条件

前置仓的位置必须满足快捷、便利的配送条件。最好靠近城市中心的主干路，周围出现交通堵塞的情况较少，在配送过程中，不会因附近人群不友好，出现“路霸”等现象。

2. 顾客密集度分布

达到一定的屡单数量才能使盈亏平衡，当企业超出这个屡单数量时，才会盈利。为使企业持续发展，必须保证屡单的数量。人口的密集分布是影响屡单数量的关键，人口越密集，存在潜在消费者的概率会越大。此外，大量的屡单会提高前置仓内货物的周转率，提高生鲜的鲜活度，更能满足顾客对产品新鲜度的需求。前置仓选址主要以满足客户需求为主，因此，前置仓选址必须考虑顾客密集度分布，即有消费能力的人群的分布范围。在一、二线城市中，生鲜农产品的终端需求点主要集中在小区和餐厅，这些区域的特点是人口集中，经济比较发达。

3. 竞争对手数量及分布

以发展和战略的眼光看，竞争对手的数量及分布将会是影响前置仓选址的重要因素。前置仓是多点布局，大量的前置仓布局才能实现快速配送从而提高客户体验，竞争对手的数量及分布直接影响了前置仓运营的成本、周转率以及频率。

4. 租金费用

由于前置仓的特殊性质，其不需要大面积的土地进行建设，企业会租用现有成型的小型仓。因此，租金费用是选址时应该考虑的一个重要因素，建立前置仓的一个主要目标就是节约成本，通过集约化管理，最大化缩小成本。租金过高，会影响整个前置仓的整体运转。

5. 布局规划

前置仓通过多点布局实现全面覆盖，在部署前置仓时，要结合附近前置仓的布局，使两个前置仓之间既能相互衔接又不能重叠过度，以增大前置仓的利用率。同时，要考虑前置仓所覆盖的地区延展性，否则会影响整个配送的路线及流程，合理的空间布局会提高供应链效率、减少资源的浪费，甚至会提高满载率。因此，选址时要根据供应链的整体流程进行布局。

5.2 基于可信度的区间值对偶犹豫模糊前置仓选址理论

模糊集理论是由于决策对象存在不确定性，为更好地解决因此造成的决策结果不合理的现象而提出的决策理论。近些年来，随着信息的快速发展，决策用精确的数据进行已不能满足社会情形，因此各个领域的专家将目光聚焦到模糊多因素决策上。区间值对偶犹豫模糊集是对偶犹豫模糊集的推广，它用区间的形式表示隶属度和非隶属度。在决策过程中，决策者无法用确切数字表示其犹豫心理，因此运用区间值来表达自己的观点。由于区间值对偶犹豫模糊集把评价从精确的数据转变到区间值的形式，考虑了环境和评价对象的不确定性，因此更能体现出犹豫模糊性。李丽颖、苏变萍[65]研究了区间值对偶犹豫模糊集并提出了区间值对偶犹豫模糊集熵定义及熵公式，并研究了区间值对偶犹豫模糊集的相似性测度等。作为对偶犹豫模糊集的一种延伸，区间值对偶犹豫模糊集可以更加全面地反映决策专家在决策时的不确定性和犹豫程度，运用区间值对偶犹豫模糊集可以更高效率地运用有关的决策者在不同方面的信息。区间值对偶犹豫模糊集可以为决策者提供更多的决策信息，从而获得对问题的更清晰的认识。因此，在处理多因素决策问题时，区间值对偶犹豫模糊集具有一定的优势。

但部分对偶犹豫模糊算子在集结时，忽视了决策者的知识背景，没有对决策者专业领域的熟悉程度进行探究。为了解决这个问题，Zhang 等人[114]考虑了可信度，给出了几个基于可信度的犹豫模糊关联度公式，并将其应用到汽车制造公司核心零件供应商的选择中。由于近年来众多决策者积极参与，而决策者的主观偏好存在着差异，因此对方案有主观偏好的研究引起了学者们越来越多的重视。

5.2.1　区间值对偶犹豫模糊定义

定义 5.1[34]　设 X 为一个固定的集合，将 X 上的区间值对偶犹豫模糊集 $\widetilde{Z}$ 定义为

$$\widetilde{Z}=\{\langle x,\widetilde{\delta}(x),\widetilde{\phi}(x)\rangle \mid x\in X\} \tag{5-1}$$

其中，$Z[0,1]$ 表示区间 $[0,1]$ 上的所有闭子区间构成的集合。$\widetilde{\delta}(x):X\rightarrow Z[0,1]$ 表示 $x\in X$ 的所有可能隶属度构成的区间值集合，$\widetilde{\delta}(x)=\{\widetilde{\alpha}\mid \widetilde{\alpha}\in\widetilde{\delta}(x)\}$，其中 $\widetilde{\alpha}=[\widetilde{\alpha}^{\mathrm{L}},\widetilde{\alpha}^{\mathrm{U}}]$ 为一组区间值，$\widetilde{\alpha}^{\mathrm{L}}=\inf\widetilde{\alpha}$ 表示 $\widetilde{\alpha}$ 的下界，$\widetilde{\alpha}^{\mathrm{U}}=\sup\widetilde{\alpha}$ 表示 $\widetilde{\alpha}$ 的上界。$\widetilde{\phi}(x):X\rightarrow Z[0,1]$，表示 $x\in X$ 的所有可能非隶属度构成的区间值集合，$\widetilde{\phi}(x)=\{\widetilde{\beta}\mid\widetilde{\beta}\in\widetilde{\phi}(x)\}$，其中 $\widetilde{\beta}=[\widetilde{\beta}^{\mathrm{L}},\widetilde{\beta}^{\mathrm{U}}]$ 表示一组区间值，$\widetilde{\beta}^{\mathrm{L}}=\inf\widetilde{\beta}$ 表示 $\widetilde{\beta}$ 的下界，$\widetilde{\beta}^{\mathrm{U}}=\sup\widetilde{\beta}$ 表示 $\widetilde{\beta}$ 的上界。$\widetilde{Z}=(\widetilde{\delta}(x),\widetilde{\phi}(x))$ 称为区间值对偶犹豫模糊元，简记为 $\widetilde{Z}=(\widetilde{\delta},\widetilde{\phi})$。

性质 5.1　设区间值对偶犹豫模糊集 $\widetilde{Z}=\{\langle x,\widetilde{\delta}(x),\widetilde{\phi}(x)\rangle\mid x\in X\}$，$\forall\,\widetilde{\alpha}\in\widetilde{\delta}(x)$，$\widetilde{\alpha}=[\widetilde{\alpha}^{\mathrm{L}},\widetilde{\alpha}^{\mathrm{U}}]$，$\forall\,\widetilde{\beta}\in\widetilde{\phi}(x)$，$\widetilde{\beta}=[\widetilde{\beta}^{\mathrm{L}},\widetilde{\beta}^{\mathrm{U}}]$，有 $\widetilde{\alpha},\widetilde{\beta}\subset(0,1)$，$0\leqslant\max\widetilde{\alpha}^{\mathrm{U}}+\max\widetilde{\beta}^{\mathrm{U}}\leqslant 1$。

定义 5.2[98]　令 $\widetilde{d}=\{\widetilde{f},\widetilde{h}\}$ 为一个区间值对偶犹豫模糊元，则其得分函数定

义如下：

$$s(\tilde{d})=\frac{1}{2}\left(\begin{array}{l}\frac{1}{\#\tilde{f}}\sum_{[\tilde{\alpha}^{L},\tilde{\alpha}^{U}]\in\tilde{f}}\tilde{\alpha}^{L}-\frac{1}{\#\tilde{h}}\sum_{[\tilde{\beta}^{L},\tilde{\beta}^{U}]\in\tilde{h}}\tilde{\beta}^{L}+\\ \frac{1}{\#\tilde{f}}\sum_{[\tilde{\alpha}^{L},\tilde{\alpha}^{U}]\in\tilde{f}}\tilde{\alpha}^{U}-\frac{1}{\#\tilde{h}}\sum_{[\tilde{\beta}^{L},\tilde{\beta}^{U}]\in\tilde{h}}\tilde{\beta}^{U}\end{array}\right)$$

其中，$\#\tilde{f}$ 和 $\#\tilde{h}$ 分别表示 $\tilde{f}$ 和 $\tilde{h}$ 中区间值的个数。得分函数越大，区间值对偶犹豫模糊集越优。

定义 5.3 令 $\tilde{d}=\{\tilde{f},\tilde{h}\}$ 为一个区间值对偶犹豫模糊元，则其精确函数定义如下：

$$p(\tilde{d})=\frac{1}{2}\left(\begin{array}{l}\frac{1}{\#\tilde{f}}\sum_{[\tilde{\alpha}^{L},\tilde{\alpha}^{U}]\in\tilde{f}}\tilde{\alpha}^{L}+\frac{1}{\#\tilde{h}}\sum_{[\tilde{\beta}^{L},\tilde{\beta}^{U}]\in\tilde{h}}\tilde{\beta}^{L}+\\ \frac{1}{\#\tilde{f}}\sum_{[\tilde{\alpha}^{L},\tilde{\alpha}^{U}]\in\tilde{f}}\tilde{\alpha}^{U}+\frac{1}{\#\tilde{h}}\sum_{[\tilde{\beta}^{L},\tilde{\beta}^{U}]\in\tilde{h}}\tilde{\beta}^{U}\end{array}\right)$$

与得分函数类似，其中 $\#\tilde{f}$ 和 $\#\tilde{h}$ 分别表示 $\tilde{f}$ 和 $\tilde{h}$ 中区间值的个数。精确函数越大，区间值对偶犹豫模糊集越优。

定义 5.4[98] 对任意的两个 IVDHFE $\tilde{d}_1=\{\tilde{f}_1,\tilde{h}_1\}$ 和 $\tilde{d}_2=\{\tilde{f}_2,\tilde{h}_2\}$，满足：

① 如果 $s(\tilde{d}_1)>s(\tilde{d}_2)$，则 $\tilde{d}_1>\tilde{d}_2$。

② 如果 $s(\tilde{d}_1)=s(\tilde{d}_2)$，则：

a. 如果 $p(\tilde{d}_1)>p(\tilde{d}_2)$，则 $\tilde{d}_1>\tilde{d}_2$；

b. 如果 $p(\tilde{d}_1)=p(\tilde{d}_2)$，则 $\tilde{d}_1=\tilde{d}_2$。

5.2.2 区间值对偶犹豫模糊的关联度

定义 5.5[34] 设存在 Z_1 和 Z_2 两个区间值对偶犹豫模糊集，有

$$Z_1=\{\langle x_i,\tilde{\delta}_1(x_i),\tilde{\phi}_2(x_i)\rangle\mid x_i\in X\}$$

$$Z_2=\{\langle x_i,\tilde{\delta}_2(x_i),\tilde{\phi}_2(x_i)\rangle\mid x_i\in X\}$$

则称

$$C(Z_1,Z_2)=\frac{1}{2}\sum_{i=1}^{n}\frac{1}{l_i}\sum_{j=1}^{l_i}\begin{bmatrix}\widetilde{\alpha}_{1\tau(l)}^{L}(x_i)\widetilde{\alpha}_{2\tau(l)}^{L}(x_i)+\widetilde{\alpha}_{1\tau(l)}^{U}(x_i)\widetilde{\alpha}_{2\tau(l)}^{U}(x_i)+\\ \widetilde{\beta}_{1\tau(l)}^{L}(x_i)\widetilde{\beta}_{2\tau(l)}^{L}(x_i)+\widetilde{\beta}_{1\tau(l)}^{U}(x_i)\widetilde{\beta}_{2\tau(l)}^{U}(x_i)\end{bmatrix}\tag{5-2}$$

为 Z_1 和 Z_2 的相关性指标。其中，$\widetilde{\alpha}_1(x_i)\in\widetilde{\delta}_1(x_i)$，$\widetilde{\alpha}_1(x_i)=[\widetilde{\alpha}_1^{L}(x_i),\widetilde{\alpha}_1^{U}(x_i)]$，$\widetilde{\beta}_1(x_i)\in\widetilde{\phi}_1(x_i)$，$\widetilde{\beta}_1(x_i)=[\widetilde{\beta}_1^{L}(x_i),\widetilde{\beta}_1^{U}(x_i)]$，$\widetilde{\alpha}_2(x_i)\in\widetilde{\delta}_2(x_i)$，$\widetilde{\alpha}_2(x_i)=[\widetilde{\alpha}_2^{L}(x_i),\widetilde{\alpha}_2^{U}(x_i)]$，$\widetilde{\beta}_2(x_i)\in\widetilde{\phi}_2(x_i)$，$\widetilde{\beta}_2(x_i)=[\widetilde{\beta}_2^{L}(x_i),\widetilde{\beta}_2^{U}(x_i)]$。

根据区间值对偶犹豫模糊集的关联性指标公式(5-2)得出以下 2 个定义。

定义 5.6　设存在两个区间值对偶犹豫模糊集 $\widetilde{Z}_1$ 和 $\widetilde{Z}_2$，则 $\widetilde{Z}_1$ 和 $\widetilde{Z}_2$ 的相关系数为

$$\rho^1(\widetilde{Z}_1,\widetilde{Z}_2)=\frac{C(\widetilde{Z}_1,\widetilde{Z}_2)}{\max\{C(\widetilde{Z}_1,\widetilde{Z}_1),C(\widetilde{Z}_2,\widetilde{Z}_2)\}}\tag{5-3}$$

$$\rho^2(\widetilde{Z}_1,\widetilde{Z}_2)=\frac{C(\widetilde{Z}_1,\widetilde{Z}_2)}{\sqrt{C(\widetilde{Z}_1,\widetilde{Z}_1)\cdot C(\widetilde{Z}_2,\widetilde{Z}_2)}}\tag{5-4}$$

性质 5.2　$\widetilde{Z}_1$ 和 $\widetilde{Z}_2$ 都为区间值对偶犹豫模糊集，$\widetilde{Z}_1$ 和 $\widetilde{Z}_2$ 的相关系数 $\rho^2(\widetilde{Z}_1,\widetilde{Z}_2)$符合下述条件：

① 若 $\widetilde{Z}_1=\widetilde{Z}_2$，则 $\rho^i(\widetilde{Z}_1,\widetilde{Z}_2)=1$；

② $\rho^i(\widetilde{Z}_1,\widetilde{Z}_2)=\rho^i(\widetilde{Z}_2,\widetilde{Z}_1)$；

③ $0\leqslant\rho^i(\widetilde{Z}_1,\widetilde{Z}_2)\leqslant1$。

5.2.3　基于可信度的区间值对偶犹豫模糊前置仓选址关联度公式

在多因素问题中，由于专家对决策领域的专业知识缺乏以及数据的缺失，而忽略了信息不全面对决策结果的影响，使得决策结果难以对方案信息进行精确地评价，而可信度可以更加客观地描述专家对决策领域的熟悉程度，使决策结果更加精准。考虑了可信度的区间值对偶犹豫模糊集，在区间值对偶犹豫模糊集的基础上，考虑了决策者对指标的熟悉程度，可以使决策在从主观和客观两个方面处理问题时更具灵活性、准确性和适用性。下面给出基于可信度的区间值对偶犹豫模糊集及其关联度公式，并讨论 3 个关联度公式之间的关系。

定义 5.7 设有区间值对偶犹豫模糊集 $\widetilde{Z}_1,\widetilde{Z}_2,\cdots,\widetilde{Z}_n$，$\forall\ \widetilde{\delta}(x_i),\widetilde{\phi}(x_i)\in\widetilde{Z}_i$，有可信度$\varsigma_i\in[0,1]$，且 Z_i 的权重向量为 $\boldsymbol{\omega}=(\omega_1,\omega_2,\cdots,\omega_m)^{\mathrm{T}}$，$\omega_i\in[0,1]$，$\sum\limits_{i=1}^{n}\omega_i=1$，则

$$\mathrm{CIIVDHFWA}(\widetilde{Z}_1,\widetilde{Z}_2,\cdots,\widetilde{Z}_n)=\bigcup_{\substack{\alpha_{z_1}\in\delta_{z_1},\beta_{z_1}\in\phi_{z_1},\alpha_{z_2}\in\delta_{z_2},\\ \beta_{z_2}\in\phi_{z_2},\cdots,\alpha_{z_i}\in\delta_{z_i},\beta_{z_i}\in\phi_{z_i}}}\left\{\sum_{i=1}^{n}\omega_i\,\varsigma_i((\widetilde{\alpha}_{\widetilde{Z}_i}^{\mathrm{L}}(x_i))^2+(\widetilde{\alpha}_{\widetilde{Z}_i}^{\mathrm{U}}(x_i))^2+(\widetilde{\beta}_{\widetilde{Z}_i}^{\mathrm{L}}(x_i))^2+(\widetilde{\beta}_{\widetilde{Z}_i}^{\mathrm{U}}(x_i))^2)^{\frac{1}{2}}\right\}\tag{5-5}$$

为可信度诱导区间值对偶犹豫模糊加权平均算子。

定义 5.8 对于任意的两个区间值犹豫模糊集 $\widetilde{Z}_1$、$\widetilde{Z}_2$，$l=\max\{l_1,l_2\}$，其中 l_1、l_2 分别为 $\widetilde{Z}_1$、$\widetilde{Z}_2$ 中元素的个数。$\forall\ \widetilde{\alpha}_i,\widetilde{\beta}_i\in\widetilde{Z}_i$ 有可信度$\varsigma_i\in[0,1]$，则称

$$C_{\varsigma}^{1}(\widetilde{Z}_1,\widetilde{Z}_2)=\frac{1}{2}\sum_{i=1}^{n}\frac{1}{l_i}\sum_{j=1}^{l_i}\left[\varsigma_1^{\tau(l)}\varsigma_2^{\tau(l)}\begin{pmatrix}\widetilde{\alpha}_{1\tau(l)}^{\mathrm{L}}(x_i)\widetilde{\alpha}_{2\tau(l)}^{\mathrm{L}}(x_i)+\widetilde{\alpha}_{1\tau(l)}^{\mathrm{U}}(x_i)\widetilde{\alpha}_{2\tau(l)}^{\mathrm{U}}(x_i)+\\ \widetilde{\beta}_{1\tau(l)}^{\mathrm{L}}(x_i)\widetilde{\beta}_{2\tau(l)}^{\mathrm{L}}(x_i)+\widetilde{\beta}_{1\tau(l)}^{\mathrm{U}}(x_i)\widetilde{\beta}_{2\tau(l)}^{\mathrm{U}}(x_i)\end{pmatrix}\right]\times\max\left\{\begin{aligned}&\frac{1}{2}\sum_{t=1}^{n}\frac{1}{l_i}\sum_{j=1}^{l_i}\left[(\varsigma_1^{\tau(l)})^2\begin{pmatrix}(\widetilde{\alpha}_{1\tau(l)}^{\mathrm{L}}(x_i))^2+(\widetilde{\alpha}_{1\tau(l)}^{\mathrm{U}}(x_i))^2+\\(\widetilde{\beta}_{1\tau(l)}^{\mathrm{L}}(x_i))^2+(\widetilde{\beta}_{1\tau(l)}^{\mathrm{U}}(x_i))^2\end{pmatrix}\right],\\&\frac{1}{2}\sum_{t=1}^{n}\frac{1}{l_i}\sum_{j=1}^{l_i}\left[(\varsigma_2^{\tau(l)})^2\begin{pmatrix}(\widetilde{\alpha}_{2\tau(l)}^{\mathrm{L}}(x_i))^2+(\widetilde{\alpha}_{2\tau(l)}^{\mathrm{U}}(x_i))^2+\\(\widetilde{\beta}_{2\tau(l)}^{\mathrm{L}}(x_i))^2+(\widetilde{\beta}_{2\tau(l)}^{\mathrm{U}}(x_i))^2\end{pmatrix}\right]\end{aligned}\right\}^{-1}\tag{5-6}$$

为基于可信度的区间值对偶犹豫模糊关联度公式。其中，$\varsigma_i^{\tau(l)}(l=1,2,\cdots,k)$表示 $\widetilde{Z}_1$ 和 $\widetilde{Z}_2$ 中第 l 小的可信度；$\widetilde{\alpha}_{i\tau(l)}^{\mathrm{L}}(x_i)(l=1,2,\cdots,k)$为 $\widetilde{Z}_1$ 和 $\widetilde{Z}_2$ 中第 l 小的可信度对应的可能隶属度的下界；$\widetilde{\alpha}_{i\tau(l)}^{\mathrm{U}}(x_i)(l=1,2,\cdots,k)$为 $\widetilde{Z}_1$ 和 $\widetilde{Z}_2$ 中第 l 小的可信度对应的可能隶属度的上界；$\widetilde{\beta}_{i\tau(l)}^{\mathrm{L}}(x_i)(l=1,2,\cdots,k)$为 $\widetilde{Z}_1$ 和 $\widetilde{Z}_2$ 中第 l 小的可信度对应的可能非隶属度的下界；$\widetilde{\beta}_{i\tau(l)}^{\mathrm{U}}(x_i)(l=1,2,\cdots,k)$为 $\widetilde{Z}_1$ 和 $\widetilde{Z}_2$ 中第 l 小的可信度对应的可能非隶属度的上界。当所有的可信度都为 1 时，式(5-6)变为式(5-3)。容易验证 $C_{\varsigma}^{1}(\widetilde{Z}_1,\widetilde{Z}_2)$满足：

① $0\leqslant C_{\varsigma}^{1}(\widetilde{Z}_1,\widetilde{Z}_2)\leqslant 1$；

② $C_{\varsigma}^{1}(\tilde{Z}_1,\tilde{Z}_2)=C_{\varsigma}^{1}(\tilde{Z}_2,\tilde{Z}_1)$；

③ 若

$$(\varsigma_1^{\tau(j)})^2\cdot[(\tilde{\alpha}_{1\tau(l)}^{L}(x_i))^2+(\tilde{\alpha}_{1\tau(l)}^{U}(x_i))^2+(\tilde{\beta}_{1\tau(l)}^{L}(x_i))^2+(\tilde{\beta}_{1\tau(l)}^{U}(x_i))^2]=$$
$$(\varsigma_2^{\tau(j)})^2\cdot[(\tilde{\alpha}_{2\tau(l)}^{L}(x_i))^2+(\tilde{\alpha}_{2\tau(l)}^{U}(x_i))^2+(\tilde{\beta}_{2\tau(l)}^{L}(x_i))^2+(\tilde{\beta}_{2\tau(l)}^{U}(x_i))^2]$$

其中，$j=1,2,\cdots,k$，则 $C_{\varsigma}^{1}(\tilde{Z}_1,\tilde{Z}_2)=1$。

类似地，基于可信度的区间值对偶犹豫模糊关联度公式为

$$C_{\varsigma}^{2}(\tilde{Z}_1,\tilde{Z}_2)=\frac{1}{2}\sum_{i=1}^{n}\frac{1}{l_i}\sum_{j=1}^{l_i}\left[\varsigma_1^{\tau(l)}\cdot\varsigma_2^{\tau(l)}\cdot\begin{pmatrix}\tilde{\alpha}_{1\tau(l)}^{L}(x_i)\tilde{\alpha}_{2\tau(l)}^{L}(x_i)+\tilde{\alpha}_{1\tau(l)}^{U}(x_i)\tilde{\alpha}_{2\tau(l)}^{U}(x_i)+\\ \tilde{\beta}_{1\tau(l)}^{L}(x_i)\tilde{\beta}_{2\tau(l)}^{L}(x_i)+\tilde{\beta}_{1\tau(l)}^{U}(x_i)\tilde{\beta}_{2\tau(l)}^{U}(x_i)\end{pmatrix}\right]\times$$
$$\left\{\frac{1}{2}\sum_{i=1}^{n}\frac{1}{l_i}\sum_{j=1}^{l_i}\left[(\varsigma_1^{\tau(l)})^2\cdot\begin{pmatrix}(\tilde{\alpha}_{1\tau(l)}^{L}(x_i))^2+(\tilde{\alpha}_{1\tau(l)}^{U}(x_i))^2+\\ (\tilde{\beta}_{1\tau(l)}^{L}(x_i))^2+(\tilde{\beta}_{1\tau(l)}^{U}(x_i))^2\end{pmatrix}\right]\right\}^{-\frac{1}{2}}\times$$
$$\left\{\frac{1}{2}\sum_{i=1}^{n}\frac{1}{l_i}\sum_{j=1}^{l_i}\left[(\varsigma_2^{\tau(l)})^2\cdot\begin{pmatrix}(\tilde{\alpha}_{2\tau(l)}^{L}(x_i))^2+(\tilde{\alpha}_{2\tau(l)}^{U}(x_i))^2+\\ (\tilde{\beta}_{2\tau(l)}^{L}(x_i))^2+(\tilde{\beta}_{2\tau(l)}^{U}(x_i))^2\end{pmatrix}\right]\right\}^{-\frac{1}{2}} \tag{5-7}$$

当所有可信度为 1 时，式(5-7)变为式(5-4)。

$$C_{\varsigma}^{3}(\tilde{Z}_1,\tilde{Z}_2)=\frac{1}{2}\sum_{i=1}^{n}\frac{1}{l_i}\sum_{j=1}^{l_i}\left[\varsigma_1^{\tau(l)}\cdot\varsigma_2^{\tau(l)}\cdot\begin{pmatrix}\tilde{\alpha}_{1\tau(l)}^{L}(x_i)\tilde{\alpha}_{2\tau(l)}^{L}(x_i)+\tilde{\alpha}_{1\tau(l)}^{U}(x_i)\tilde{\alpha}_{2\tau(l)}^{U}(x_i)+\\ \tilde{\beta}_{1\tau(l)}^{L}(x_i)\tilde{\beta}_{2\tau(l)}^{L}(x_i)+\tilde{\beta}_{1\tau(l)}^{U}(x_i)\tilde{\beta}_{2\tau(l)}^{U}(x_i)\end{pmatrix}\right]\times$$
$$\left\{\begin{aligned}&\frac{1}{2}\sum_{i=1}^{n}\frac{1}{l_i}\sum_{j=1}^{l_i}\left[(\varsigma_1^{\tau(l)})^2\cdot\begin{pmatrix}(\tilde{\alpha}_{1\tau(l)}^{L}(x_i))^2+(\tilde{\alpha}_{1\tau(l)}^{U}(x_i))^2+\\ (\tilde{\beta}_{1\tau(l)}^{L}(x_i))^2+(\tilde{\beta}_{1\tau(l)}^{U}(x_i))^2\end{pmatrix}\right]+\\ &\frac{1}{2}\sum_{i=1}^{n}\frac{1}{l_i}\sum_{j=1}^{l_i}\left[(\varsigma_2^{\tau(l)})^2\cdot\begin{pmatrix}(\tilde{\alpha}_{2\tau(l)}^{L}(x_i))^2+(\tilde{\alpha}_{2\tau(l)}^{U}(x_i))^2+\\ (\tilde{\beta}_{2\tau(l)}^{L}(x_i))^2+(\tilde{\beta}_{2\tau(l)}^{U}(x_i))^2\end{pmatrix}\right]\end{aligned}\right\}/2 \tag{5-8}$$

当所有的可信度为 1 时，式(5-8)变为

$$C_{\varsigma}^{3}(\tilde{Z}_1,\tilde{Z}_2)=\frac{1}{2}\sum_{i=1}^{n}\frac{1}{l_i}\sum_{j=1}^{l_i}\begin{bmatrix}\tilde{\alpha}_{1\tau(l)}^{L}(x_i)\tilde{\alpha}_{2\tau(l)}^{L}(x_i)+\tilde{\alpha}_{1\tau(l)}^{U}(x_i)\tilde{\alpha}_{2\tau(l)}^{U}(x_i)+\\ \tilde{\beta}_{1\tau(l)}^{L}(x_i)\tilde{\beta}_{2\tau(l)}^{L}(x_i)+\tilde{\beta}_{1\tau(l)}^{U}(x_i)\tilde{\beta}_{2\tau(l)}^{U}(x_i)\end{bmatrix}\times$$
$$\left\{\begin{aligned}&\frac{1}{2}\sum_{i=1}^{n}\frac{1}{l_i}\sum_{j=1}^{l_i}\begin{bmatrix}(\tilde{\alpha}_{1\tau(l)}^{L}(x_i))^2+(\tilde{\alpha}_{1\tau(l)}^{U}(x_i))^2+\\ (\tilde{\beta}_{1\tau(l)}^{L}(x_i))^2+(\tilde{\beta}_{1\tau(l)}^{U}(x_i))^2\end{bmatrix}+\\ &\frac{1}{2}\sum_{i=1}^{n}\frac{1}{l_i}\sum_{j=1}^{l_i}\begin{bmatrix}(\tilde{\alpha}_{2\tau(l)}^{L}(x_i))^2+(\tilde{\alpha}_{2\tau(l)}^{U}(x_i))^2+\\ (\tilde{\beta}_{2\tau(l)}^{L}(x_i))^2+(\tilde{\beta}_{2\tau(l)}^{U}(x_i))^2\end{bmatrix}\end{aligned}\right\}/2 \tag{5-9}$$

性质 5.3　对于任意两个区间值对偶犹豫模糊集 $\tilde{Z}_1$ 和 $\tilde{Z}_2$，基于可信度的区间值对偶犹豫模糊关联度公式满足：

$$C_{\varsigma}^{1}(\tilde{Z}_1,\tilde{Z}_2)\leqslant C_{\varsigma}^{3}(\tilde{Z}_1,\tilde{Z}_2)\leqslant C_{\varsigma}^{2}(\tilde{Z}_1,\tilde{Z}_2) \tag{5-10}$$

证明：由不等式 $\sqrt{ab}\leqslant\frac{a+b}{2}\leqslant\max\{a,b\}$，$a,b\geqslant 0$ 可得

$$\left\{\frac{1}{2}\sum_{i=1}^{n}\frac{1}{l_i}\sum_{j=1}^{l_i}\left[(\varsigma_1^{\tau(l)})^2\cdot\begin{pmatrix}(\tilde{\alpha}_{1\tau(l)}^{L}(x_i))^2+(\tilde{\alpha}_{1\tau(l)}^{U}(x_i))^2+\\(\tilde{\beta}_{1\tau(l)}^{L}(x_i))^2+(\tilde{\beta}_{1\tau(l)}^{U}(x_i))^2\end{pmatrix}\right]\right\}^{\frac{1}{2}}\times$$

$$\left\{\frac{1}{2}\sum_{i=1}^{n}\frac{1}{l_i}\sum_{j=1}^{l_i}\left[(\varsigma_2^{\tau(l)})^2\cdot\begin{pmatrix}(\tilde{\alpha}_{2\tau(l)}^{L}(x_i))^2+(\tilde{\alpha}_{2\tau(l)}^{U}(x_i))^2+\\(\tilde{\beta}_{2\tau(l)}^{L}(x_i))^2+(\tilde{\beta}_{2\tau(l)}^{U}(x_i))^2\end{pmatrix}\right]\right\}^{\frac{1}{2}}\leqslant$$

$$\left\{\begin{array}{l}\frac{1}{2}\sum_{i=1}^{n}\frac{1}{l_i}\sum_{j=1}^{l_i}\left[(\varsigma_1^{\tau(l)})^2\cdot\begin{pmatrix}(\tilde{\alpha}_{1\tau(l)}^{L}(x_i))^2+(\tilde{\alpha}_{1\tau(l)}^{U}(x_i))^2+\\(\tilde{\beta}_{1\tau(l)}^{L}(x_i))^2+(\tilde{\beta}_{1\tau(l)}^{U}(x_i))^2\end{pmatrix}\right]+\\\frac{1}{2}\sum_{i=1}^{n}\frac{1}{l_i}\sum_{j=1}^{l_i}\left[(\varsigma_2^{\tau(l)})^2\cdot\begin{pmatrix}(\tilde{\alpha}_{2\tau(l)}^{L}(x_i))^2+(\tilde{\alpha}_{2\tau(l)}^{U}(x_i))^2+\\(\tilde{\beta}_{2\tau(l)}^{L}(x_i))^2+(\tilde{\beta}_{2\tau(l)}^{U}(x_i))^2\end{pmatrix}\right]\end{array}\right\}/2\leqslant$$

$$\max\left\{\begin{array}{l}\frac{1}{2}\sum_{i=1}^{n}\frac{1}{l_i}\sum_{j=1}^{l_i}\left[(\varsigma_1^{\tau(l)})^2\cdot\begin{pmatrix}(\tilde{\alpha}_{1\tau(l)}^{L}(x_i))^2+(\tilde{\alpha}_{1\tau(l)}^{U}(x_i))^2+\\(\tilde{\beta}_{1\tau(l)}^{L}(x_i))^2+(\tilde{\beta}_{1\tau(l)}^{U}(x_i))^2\end{pmatrix}\right],\\\frac{1}{2}\sum_{i=1}^{n}\frac{1}{l_i}\sum_{j=1}^{l_i}\left[(\varsigma_2^{\tau(l)})^2\cdot\begin{pmatrix}(\tilde{\alpha}_{2\tau(l)}^{L}(x_i))^2+(\tilde{\alpha}_{2\tau(l)}^{U}(x_i))^2+\\(\tilde{\beta}_{2\tau(l)}^{L}(x_i))^2+(\tilde{\beta}_{2\tau(l)}^{U}(x_i))^2\end{pmatrix}\right]\end{array}\right\}$$

因此,可得

$$\frac{1}{2}\sum_{i=1}^{n}\frac{1}{l_i}\sum_{j=1}^{l_i}\left[\varsigma_1^{\tau(l)}\cdot\varsigma_2^{\tau(l)}\cdot\begin{pmatrix}\tilde{\alpha}_{1\tau(l)}^{L}(x_i)\tilde{\alpha}_{2\tau(l)}^{L}(x_i)+\tilde{\alpha}_{1\tau(l)}^{U}(x_i)\tilde{\alpha}_{2\tau(l)}^{U}(x_i)+\\\tilde{\beta}_{1\tau(l)}^{L}(x_i)\tilde{\beta}_{2\tau(l)}^{L}(x_i)+\tilde{\beta}_{1\tau(l)}^{U}(x_i)\tilde{\beta}_{2\tau(l)}^{U}(x_i)\end{pmatrix}\right]\times$$

$$\left\{\frac{1}{2}\sum_{i=1}^{n}\frac{1}{l_i}\sum_{j=1}^{l_i}\left[(\varsigma_1^{\tau(l)})^2\cdot\begin{pmatrix}(\tilde{\alpha}_{1\tau(l)}^{L}(x_i))^2+(\tilde{\alpha}_{1\tau(l)}^{U}(x_i))^2+\\(\tilde{\beta}_{1\tau(l)}^{L}(x_i))^2+(\tilde{\beta}_{1\tau(l)}^{U}(x_i))^2\end{pmatrix}\right]\right\}^{-\frac{1}{2}}\times$$

$$\left\{\frac{1}{2}\sum_{i=1}^{n}\frac{1}{l_i}\sum_{j=1}^{l_i}\left[(\varsigma_2^{\tau(l)})^2\cdot\begin{pmatrix}(\tilde{\alpha}_{2\tau(l)}^{L}(x_i))^2+(\tilde{\alpha}_{2\tau(l)}^{U}(x_i))^2+\\(\tilde{\beta}_{2\tau(l)}^{L}(x_i))^2+(\tilde{\beta}_{2\tau(l)}^{U}(x_i))^2\end{pmatrix}\right]\right\}^{-\frac{1}{2}}\geqslant$$

$$\frac{1}{2}\sum_{i=1}^{n}\frac{1}{l_i}\sum_{j=1}^{l_i}\left[\varsigma_1^{\tau(l)}\cdot\varsigma_2^{\tau(l)}\cdot\begin{pmatrix}\tilde{\alpha}_{1\tau(l)}^{L}(x_i)\tilde{\alpha}_{2\tau(l)}^{L}(x_i)+\tilde{\alpha}_{1\tau(l)}^{U}(x_i)\tilde{\alpha}_{2\tau(l)}^{U}(x_i)+\\\tilde{\beta}_{1\tau(l)}^{L}(x_i)\tilde{\beta}_{2\tau(l)}^{L}(x_i)+\tilde{\beta}_{1\tau(l)}^{U}(x_i)\tilde{\beta}_{2\tau(l)}^{U}(x_i)\end{pmatrix}\right]\times$$

$$\left\{\begin{array}{l}\frac{1}{2}\sum_{i=1}^{n}\frac{1}{l_i}\sum_{j=1}^{l_i}\left[(\varsigma_1^{\tau(l)})^2\cdot\begin{pmatrix}(\tilde{\alpha}_{1\tau(l)}^{L}(x_i))^2+(\tilde{\alpha}_{1\tau(l)}^{U}(x_i))^2+\\(\tilde{\beta}_{1\tau(l)}^{L}(x_i))^2+(\tilde{\beta}_{1\tau(l)}^{U}(x_i))^2\end{pmatrix}\right]+\\\frac{1}{2}\sum_{i=1}^{n}\frac{1}{l_i}\sum_{j=1}^{l_i}\left[(\varsigma_2^{\tau(l)})^2\cdot\begin{pmatrix}(\tilde{\alpha}_{2\tau(l)}^{L}(x_i))^2+(\tilde{\alpha}_{2\tau(l)}^{U}(x_i))^2+\\(\tilde{\beta}_{2\tau(l)}^{L}(x_i))^2+(\tilde{\beta}_{2\tau(l)}^{U}(x_i))^2\end{pmatrix}\right]\end{array}\right\}/2\geqslant$$

$$\frac{1}{2}\sum_{i=1}^{n}\frac{1}{l_i}\sum_{j=1}^{l_i}\left[\varsigma_1^{\tau(l)}\cdot\varsigma_2^{\tau(l)}\cdot\begin{pmatrix}\tilde{\alpha}_{1\tau(l)}^{L}(x_i)\tilde{\alpha}_{2\tau(l)}^{L}(x_i)+\tilde{\alpha}_{1\tau(l)}^{U}(x_i)\tilde{\alpha}_{2\tau(l)}^{U}(x_i)+\\\tilde{\beta}_{1\tau(l)}^{L}(x_i)\tilde{\beta}_{2\tau(l)}^{L}(x_i)+\tilde{\beta}_{1\tau(l)}^{U}(x_i)\tilde{\beta}_{2\tau(l)}^{U}(x_i)\end{pmatrix}\right]\times$$

$$\max\left\{\begin{array}{l}\frac{1}{2}\sum_{i=1}^{n}\frac{1}{l_i}\sum_{j=1}^{l_i}\left[(\varsigma_1^{\tau(l)})^2\cdot\begin{pmatrix}(\tilde{\alpha}_{1\tau(l)}^{L}(x_i))^2+(\tilde{\alpha}_{1\tau(l)}^{U}(x_i))^2+\\(\tilde{\beta}_{1\tau(l)}^{L}(x_i))^2+(\tilde{\beta}_{1\tau(l)}^{U}(x_i))^2\end{pmatrix}\right],\\\frac{1}{2}\sum_{i=1}^{n}\frac{1}{l_i}\sum_{j=1}^{l_i}\left[(\varsigma_2^{\tau(l)})^2\cdot\begin{pmatrix}(\tilde{\alpha}_{2\tau(l)}^{L}(x_i))^2+(\tilde{\alpha}_{2\tau(l)}^{U}(x_i))^2+\\(\tilde{\beta}_{2\tau(l)}^{L}(x_i))^2+(\tilde{\beta}_{2\tau(l)}^{U}(x_i))^2\end{pmatrix}\right]\end{array}\right\}^{-1}$$

因此，结论成立。

式(5-6)～式(5-8)分别取最大值、算术平方根、平均数，反映了决策者对方案的 3 种态度，分别代表了对方案风险偏好、中立和厌恶的态度。决策者可根据实际情况，选择不同的关联度公式。本章选取对方案风险有偏好的决策方法，即最大值的关联度公式。

5.2.4 基于可信度的区间值对偶犹豫模糊前置仓选址评价指标权重的确定

在关联度公式的基础上，确定基于可信度的区间值对偶犹豫模糊多因素权重模型 A_1 为

$$\max e_i(\boldsymbol{w})=\sum_{t=1}^{n}C_l^1(\tilde{Z}_{it},\hat{Z}_i)w_t=$$

$$\sum_{t=1}^{n}\left\{\begin{array}{l}\sum_{t=1}^{n}\frac{1}{l_i}\sum_{j=1}^{l_i}\left[\varsigma_{it}^{\tau(l)}\cdot\varsigma_{i}^{\tau(l)}\cdot\begin{pmatrix}\tilde{\alpha}_{it\tau(l)}^{L}(x_i)\tilde{\alpha}_{i\tau(l)}^{L}(x_i)+\tilde{\alpha}_{it\tau(l)}^{U}(x_i)\tilde{\alpha}_{i\tau(l)}^{U}(x_i)+\\\tilde{\beta}_{it\tau(l)}^{L}(x_i)\tilde{\beta}_{i\tau(l)}^{L}(x_i)+\tilde{\beta}_{it\tau(l)}^{U}(x_i)\tilde{\beta}_{i\tau(l)}^{U}(x_i)\end{pmatrix}\right]\times\\\max\left\{\begin{array}{l}\frac{1}{l_i}\sum_{j=1}^{l_i}\left[(\varsigma_{it}^{\tau(l)})^2\cdot\begin{pmatrix}(\tilde{\alpha}_{it\tau(l)}^{L}(x_i))^2+(\tilde{\alpha}_{it\tau(l)}^{U}(x_i))^2+\\(\tilde{\beta}_{it\tau(l)}^{L}(x_i))^2+(\tilde{\beta}_{it\tau(l)}^{U}(x_i))^2\end{pmatrix}\right],\\\frac{1}{l_i}\sum_{j=1}^{l_i}\left[(\varsigma_{i}^{\tau(l)})^2\cdot\begin{pmatrix}(\tilde{\alpha}_{i\tau(l)}^{L}(x_i))^2+(\tilde{\alpha}_{i\tau(l)}^{U}(x_i))^2+\\(\tilde{\beta}_{i\tau(l)}^{L}(x_i))^2+(\tilde{\beta}_{i\tau(l)}^{U}(x_i))^2\end{pmatrix}\right]\end{array}\right\}^{-1}\end{array}\right\}$$

$$\text{s.t.}\sum_{t=1}^{n}w_t^2=1,\quad w_t\geqslant 0,t=1,2,\cdots,n$$

$C_l^1(\tilde{Z}_{it},\hat{Z}_i)$按照式(5-6)计算，反映了备选方案与理想方案之间的关联性。由于各方案是公平竞争且决策者公正的评价决策方案，因此模型 A_1 可以转换为单目标模型 A_2：

$$\max e_i(\boldsymbol{w})=\sum_{t=1}^{n}C_l^1(\widetilde{Z}_{it},\widehat{Z}_i)w_t=$$

$$\sum_{t=1}^{n}\left\{\begin{array}{l}\left[\sum_{i=1}^{m}\frac{1}{l_i}\sum_{j=1}^{l_i}\left[\varsigma_{it}^{\tau(l)}\cdot\varsigma_{i}^{\tau(l)}\cdot\begin{pmatrix}\tilde{\alpha}_{it\tau(l)}^{\mathrm{L}}(x_i)\tilde{\alpha}_{i\tau(l)}^{\mathrm{L}}(x_i)+\tilde{\alpha}_{it\tau(l)}^{\mathrm{U}}(x_i)\tilde{\alpha}_{i\tau(l)}^{\mathrm{U}}(x_i)+\\ \tilde{\beta}_{it\tau(l)}^{\mathrm{L}}(x_i)\tilde{\beta}_{i\tau(l)}^{\mathrm{L}}(x_i)+\tilde{\beta}_{it\tau(l)}^{\mathrm{U}}(x_i)\tilde{\beta}_{i\tau(l)}^{\mathrm{U}}(x_i)\end{pmatrix}\right]\right]\times\\ \max\left\{\begin{array}{l}\frac{1}{l_i}\sum_{j=1}^{l_i}\left[(\varsigma_{it}^{\tau(l)})^2\cdot\begin{pmatrix}(\tilde{\alpha}_{it\tau(l)}^{\mathrm{L}}(x_i))^2+(\tilde{\alpha}_{it\tau(l)}^{\mathrm{U}}(x_i))^2+\\ (\tilde{\beta}_{it\tau(l)}^{\mathrm{L}}(x_i))^2+(\tilde{\beta}_{it\tau(l)}^{\mathrm{U}}(x_i))^2\end{pmatrix}\right],\\ \frac{1}{l_i}\sum_{j=1}^{l_i}\left[(\varsigma_{i}^{\tau(l)})^2\cdot\begin{pmatrix}(\tilde{\alpha}_{i\tau(l)}^{\mathrm{L}}(x_i))^2+(\tilde{\alpha}_{i\tau(l)}^{\mathrm{U}}(x_i))^2+\\ (\tilde{\beta}_{i\tau(l)}^{\mathrm{L}}(x_i))^2+(\tilde{\beta}_{i\tau(l)}^{\mathrm{U}}(x_i))^2\end{pmatrix}\right]\end{array}\right\}^{-1}\end{array}\right\}$$

$$\text{s.t.}\ \sum_{t=1}^{n}w_t^2=1,\quad w_t\geqslant 0,t=1,2,\cdots,n$$

构造拉格朗日函数：

$$L(\boldsymbol{w},\lambda)=\sum_{i=1}^{m}\sum_{t=1}^{n}C_l^1(\widetilde{Z}_{it},\widehat{Z}_i)w_t+\frac{\lambda}{2}(\sum_{t=1}^{n}w_t^2-1)\tag{5-11}$$

分别关于 w_t，λ 求偏导，同时令

$$\begin{cases}\dfrac{\partial L(\boldsymbol{w},\lambda)}{\partial w_t}=\sum_{i=1}^{m}C_l^1(\widetilde{Z}_{it},\widehat{Z}_i)+\lambda w_t=0,\quad t=1,2,\cdots,n\\ \dfrac{\partial L(\boldsymbol{w},\lambda)}{\partial\lambda}=\sum_{t=1}^{n}w_t^2-1=0,\quad t=1,2,\cdots,n\end{cases}$$

解得最优因素权重向量：

$$w_t^*=\frac{\sum_{i=1}^{m}C_l^1(\widetilde{Z}_{it},\widehat{Z}_i)}{\sqrt{\sum_{t=1}^{n}(\sum_{i=1}^{m}C_l^1(\widetilde{Z}_{it},\widehat{Z}_i))^2}},\quad t=1,2,\cdots,n\tag{5-12}$$

一般要求权重和为 1，将因素权重 w_t^* 进行归一化处理得

$$w_t=\frac{\sum_{i=1}^{m}C_l^1(\widetilde{Z}_{it},\widehat{Z}_i)}{\sum_{t=1}^{n}\sum_{i=1}^{m}C_l^1(\widetilde{Z}_{it},\widehat{Z}_i)},\quad t=1,2,\cdots,n\tag{5-13}$$

将关联度公式(5-6)带入式(5-13)可得

$$w_t=\frac{\displaystyle\sum_{i=1}^{m}\left\{\frac{1}{l_i}\sum_{j=1}^{l_i}\left[\varsigma_{it}^{\tau(l)}\varsigma_{i}^{\tau(l)}\begin{pmatrix}\tilde{\alpha}^{L}_{it\tau(l)}(x_i)\tilde{\alpha}^{L}_{i\tau(l)}(x_i)+\tilde{\alpha}^{U}_{it\tau(l)}(x_i)\tilde{\alpha}^{U}_{i\tau(l)}(x_i)+\\\tilde{\beta}^{L}_{it\tau(l)}(x_i)\tilde{\beta}^{L}_{i\tau(l)}(x_i)+\tilde{\beta}^{U}_{it\tau(l)}(x_i)\tilde{\beta}^{U}_{i\tau(l)}(x_i)\end{pmatrix}\right]\times\max\left\{\begin{aligned}&\frac{1}{l_i}\sum_{j=1}^{l_i}\left[(\varsigma_{it}^{\tau(l)})^2\begin{pmatrix}(\tilde{\alpha}^{L}_{it\tau(l)}(x_i))^2+(\tilde{\alpha}^{U}_{it\tau(l)}(x_i))^2+\\(\tilde{\beta}^{L}_{it\tau(l)}(x_i))^2+(\tilde{\beta}^{U}_{it\tau(l)}(x_i))^2\end{pmatrix}\right],\\&\frac{1}{l_i}\sum_{j=1}^{l_i}\left[(\varsigma_{i}^{\tau(l)})^2\begin{pmatrix}(\tilde{\alpha}^{L}_{i\tau(l)}(x_i))^2+(\tilde{\alpha}^{U}_{i\tau(l)}(x_i))^2+\\(\tilde{\beta}^{L}_{i\tau(l)}(x_i))^2+(\tilde{\beta}^{U}_{i\tau(l)}(x_i))^2\end{pmatrix}\right]\end{aligned}\right\}^{-1}\right\}}{\displaystyle\sum_{t=1}^{n}\sum_{i=1}^{m}\left\{\frac{1}{l_i}\sum_{j=1}^{l_i}\left[\varsigma_{it}^{\tau(l)}\varsigma_{i}^{\tau(l)}\begin{pmatrix}\tilde{\alpha}^{L}_{it\tau(l)}(x_i)\tilde{\alpha}^{L}_{i\tau(l)}(x_i)+\tilde{\alpha}^{U}_{it\tau(l)}(x_i)\tilde{\alpha}^{U}_{i\tau(l)}(x_i)+\\\tilde{\beta}^{L}_{it\tau(l)}(x_i)\tilde{\beta}^{L}_{i\tau(l)}(x_i)+\tilde{\beta}^{U}_{it\tau(l)}(x_i)\tilde{\beta}^{U}_{i\tau(l)}(x_i)\end{pmatrix}\right]\times\max\left\{\begin{aligned}&\frac{1}{l_i}\sum_{j=1}^{l_i}\left[(\varsigma_{it}^{\tau(l)})^2\begin{pmatrix}(\tilde{\alpha}^{L}_{it\tau(l)}(x_i))^2+(\tilde{\alpha}^{U}_{it\tau(l)}(x_i))^2+\\(\tilde{\beta}^{L}_{it\tau(l)}(x_i))^2+(\tilde{\beta}^{U}_{it\tau(l)}(x_i))^2\end{pmatrix}\right],\\&\frac{1}{l_i}\sum_{j=1}^{l_i}\left[(\varsigma_{i}^{\tau(l)})^2\begin{pmatrix}(\tilde{\alpha}^{L}_{i\tau(l)}(x_i))^2+(\tilde{\alpha}^{U}_{i\tau(l)}(x_i))^2+\\(\tilde{\beta}^{L}_{i\tau(l)}(x_i))^2+(\tilde{\beta}^{U}_{i\tau(l)}(x_i))^2\end{pmatrix}\right]\end{aligned}\right\}^{-1}\right\}}\tag{5-14}$$

其中，$t=1,2,\cdots,n$。

当可信度为 1 时，式(5-14)变为

$$w_t=\frac{\displaystyle\sum_{i=1}^{m}\left\{\frac{1}{l_i}\sum_{j=1}^{l_i}\begin{pmatrix}\tilde{\alpha}^{L}_{it\tau(l)}(x_i)\tilde{\alpha}^{L}_{i\tau(l)}(x_i)+\tilde{\alpha}^{U}_{it\tau(l)}(x_i)\tilde{\alpha}^{U}_{i\tau(l)}(x_i)+\\\tilde{\beta}^{L}_{it\tau(l)}(x_i)\tilde{\beta}^{L}_{i\tau(l)}(x_i)+\tilde{\beta}^{U}_{it\tau(l)}(x_i)\tilde{\beta}^{U}_{i\tau(l)}(x_i)\end{pmatrix}\times\max\left\{\begin{aligned}&\frac{1}{l_i}\sum_{j=1}^{l_i}\begin{pmatrix}(\tilde{\alpha}^{L}_{it\tau(l)}(x_i))^2+(\tilde{\alpha}^{U}_{it\tau(l)}(x_i))^2+\\(\tilde{\beta}^{L}_{it\tau(l)}(x_i))^2+(\tilde{\beta}^{U}_{it\tau(l)}(x_i))^2\end{pmatrix},\\&\frac{1}{l_i}\sum_{j=1}^{l_i}\begin{pmatrix}(\tilde{\alpha}^{L}_{i\tau(l)}(x_i))^2+(\tilde{\alpha}^{U}_{i\tau(l)}(x_i))^2+\\(\tilde{\beta}^{L}_{i\tau(l)}(x_i))^2+(\tilde{\beta}^{U}_{i\tau(l)}(x_i))^2\end{pmatrix}\end{aligned}\right\}^{-1}\right\}}{\displaystyle\sum_{t=1}^{n}\sum_{i=1}^{m}\left\{\frac{1}{l_i}\sum_{j=1}^{l_i}\begin{pmatrix}\tilde{\alpha}^{L}_{it\tau(l)}(x_i)\tilde{\alpha}^{L}_{i\tau(l)}(x_i)+\tilde{\alpha}^{U}_{it\tau(l)}(x_i)\tilde{\alpha}^{U}_{i\tau(l)}(x_i)+\\\tilde{\beta}^{L}_{it\tau(l)}(x_i)\tilde{\beta}^{L}_{i\tau(l)}(x_i)+\tilde{\beta}^{U}_{it\tau(l)}(x_i)\tilde{\beta}^{U}_{i\tau(l)}(x_i)\end{pmatrix}\times\max\left\{\begin{aligned}&\frac{1}{l_i}\sum_{j=1}^{l_i}\begin{pmatrix}(\tilde{\alpha}^{L}_{it\tau(l)}(x_i))^2+(\tilde{\alpha}^{U}_{it\tau(l)}(x_i))^2+\\(\tilde{\beta}^{L}_{it\tau(l)}(x_i))^2+(\tilde{\beta}^{U}_{it\tau(l)}(x_i))^2\end{pmatrix},\\&\frac{1}{l_i}\sum_{j=1}^{l_i}\begin{pmatrix}(\tilde{\alpha}^{L}_{i\tau(l)}(x_i))^2+(\tilde{\alpha}^{U}_{i\tau(l)}(x_i))^2+\\(\tilde{\beta}^{L}_{i\tau(l)}(x_i))^2+(\tilde{\beta}^{U}_{i\tau(l)}(x_i))^2\end{pmatrix}\end{aligned}\right\}^{-1}\right\}}\tag{5-15}$$

其中，$t=1,2,\cdots,n$。式(5-15)为基于可信度的区间值对偶犹豫模糊多因素权重确定公式。

5.3 实际应用：M企业前置仓选址

本节将前文建立的前置仓选址评价指标体系和基于可信度的区间值对偶犹豫模糊多因素前置仓选址指标评价模型运用到拟建服务某大学及周边社区的前置仓的选址中，从配送和存储的视角对拟建项目的指标体系进行评价，根据基于可信度的区间值对偶犹豫模糊多因素决策的前置仓选址评价模型的决策结果，选出结合多方面考虑的最佳前置仓地址。根据决策结果，结合案例的实际情况，对前置仓选址的评价方法进行分析，并说明本方法的科学性和合理性。

5.3.1 项目概况

由于M企业成立时间较短，目前在一些二线城市的市场占有率较低，前置仓的布局在一些区域处于空白状态。A高校西面临近商圈，北面有大面积的住宅社区，南面毗邻一所学校，位于市区主干道，人口密集，且根据企业初步调研，A高校附近人群对于M企业的商品需求量很大，有充足的购买力、完备的市场环境。为满足周边顾客对配送速达的要求，M企业需在A高校附近布局前置仓。此外，A高校附近有适合布局为附近三公里人群服务、用地性质为租用、200平方米左右的商品房或仓库的前置仓。

根据前置仓的主要特征，分析建立前置仓的必要性、目的及方针，明确前置仓选址的评价指标有交通条件、顾客密集度分布、竞争对手数量及分布、租金费用和布局规划。收集这些指标的相关资料，并实地考察备选方案的评价指标的信息，为接下来的决策奠定基础。根据实地考察、选址原则和评价指标，对3个前置仓的候选地进行初次筛选。在粗略的筛选后，去掉明显不合理的方案，从而降低人力和物力的输出。如图5-1所示，在第一次筛选后，剩余3个备选地址：C_1、C_2和C_3。

C_1位于A高校南面，东面是城中村的居民生活区；南面是一条购物街，人流量较大；西面是大型超市；西北方向有一个专科院校，学生人数在4 000左右。C_1紧邻的主干道是一条重要的交通干线，多支公交路线在此交汇。

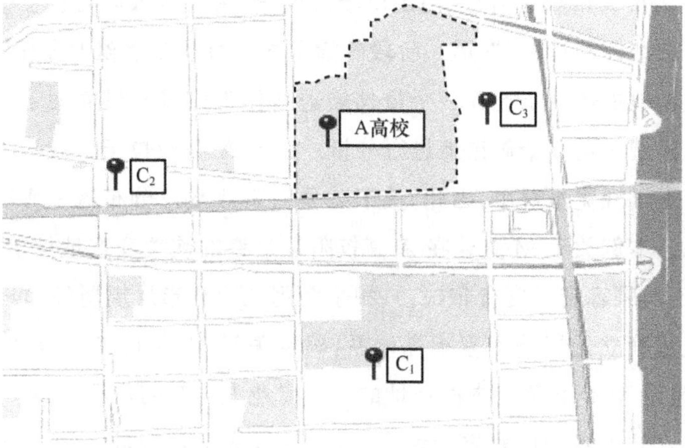

图 5-1　M 企业前置仓备选地址地图

C_2 位于 A 高校西面，在一个公寓住宅区内。C_2 东面是两个较大的住宅生活区，住宅人口较多；南面是市区重要交通干线，附近有公交公司和购物中心，上班族较多，人流量较大；西面是商铺和住宅混合的区域，并且有一些政府单位；北面是 A 高校教职工的生活区，占地面积较大。

C_3 位于 A 高校东面，处于城中村中部，是距离 A 高校最近的地址，且距离 A 高校北门较近。C_3 的东面和北面都是大面积的住宅生活区，大多数为当地拆迁居民，长期居住人口较多，尤其是北面汇集着小学、医院和博物馆，因此流动性人口较多。

5.3.2　基于可信度的区间值对偶犹豫模糊多因素决策的 M 企业前置仓选址步骤

在 M 企业“城市分选中心＋社区前置仓”的物流运营模式中，前置仓处于供应链末端，前置仓合理的选址可以缩短物流运行时间，使生鲜保持鲜活度，进而提高客户满意度。前置仓选址可以分为两个阶段，第一阶段是对前置仓进行大概的筛选，得到为数较少的较为符合要求的候选地；在此基础上，进行第二阶段的抉择，对筛选出的候选地从多个方面进行分析，运用基于可信度的区间值对偶犹豫模糊多因素决策选址评价模型对候选地进行分析，确定出最佳候选地，具体步骤如下。

1. 专家对备选方案进行评价打分

M 企业为扩大市场占有率、满足市场需求，需在 A 高校附近设立一个前置仓，分析前置仓选址评价指标，在第一阶段的筛选之后留下 3 个较为合理的候选地，需要在 3 个候选地中进一步选择一个最佳候选地作为前置仓设立地点，因此需要运用选址评价模型对这 3 个候选地进行分析。由于 A 高校位于二线城市，且目前 A 高校附近尚未出现竞争对手，因此，关于竞争对手数量及分布这一影响因素，在此处不予考虑。本例关于 M 企业在 A 高校附近最终的前置仓选址评价指标体系为交通条件(Z_1)、顾客密集度分布(Z_2)、租金费用(Z_3)和布局规划(Z_4)4 个方面。

根据上述确立的影响因素指标体系，确定关于 M 企业在 A 高校附近选址的调查问卷，邀请 M 企业负责本次选址的 3 位专业人士对初步筛选得出的 3 个候选地址(C_1,C_2,C_3)的各项因素进行评价。3 位专业人士均来自 M 企业开发部门，负责小规模选址工作，且有 5 年以上从事该工作的经验，对小规模选址工作十分熟悉。但由于专家对备选方案选址的关注点不同，所以评分会因为主观影响而产生较大波动，因此，为了使得到的结果更具科学性，首先专家应根据对不同候选地各评价指标的了解情况给出相应的可信度，然后对方案因素的满意程度和不满意程度进行评判。

把评分结果进行整合，将 3 位专家对同一选址同一指标的评分构成一个集合 $\widehat{Z}_i$。以 3 个候选地选址为行、4 个影响因素指标为列，构成 3×4 的基于可信度的区间值对偶犹豫模糊多因素前置仓选址决策矩阵 $\boldsymbol{D}_t=(\widetilde{Z}_{it})_{3\times4}$。集合 $\widehat{Z}_i$ 中的元素是由 3 个专家评价得出的，元素排列没有规律，鉴于此，本例规定将元素排列按照可信度的大小进行降序排列，即令ς:$(1,2,\cdots,n)\rightarrow(1,2,\cdots,n)$为一个排列，使得 $\varsigma_i^{\tau(j)}\geqslant\varsigma_i^{\tau(j+1)}$，即$\varsigma_i^{\tau(j)}$ 是ς_i 中第 j 大的数。

由于在不同的区间值对偶犹豫模糊集 $\widetilde{Z}_1$ 和 $\widetilde{Z}_2$ 中，集合 $\widetilde{Z}_1$ 和 $\widetilde{Z}_2$ 中的元素个数可能不同，于是令 $k=\max\{l(\widetilde{Z}_1),l(\widetilde{Z}_2)\}$，其中 $l(\widetilde{Z}_1)$、$l(\widetilde{Z}_2)$分别表示 $\widetilde{Z}_1$、$\widetilde{Z}_2$ 中元素的个数。若存在 $\widetilde{Z}_1$、$\widetilde{Z}_2$ 中元素个数不一样的情况，则采用悲观准则[89,121]，添加集合中的最小元素使得 $l(\widetilde{Z}_1)=l(\widetilde{Z}_2)$。

根据 3 位专家的打分，得出基于可信度的区间值对偶犹豫模糊前置仓选址决策矩阵，如表 5-1 所示。例如，$d_{11}=\{(0.8,[0.4,0.7],[0.1,0.3]),(0.6,[0.5,0.8],[0.1,0.2]),(0.5,[0.3,0.7],[0.1,0.2])\}$，表示在需求变动方面有 3 种不

同的观点，即对于 C_1 的满足程度为[0.4,0.7]、[0.5,0.8]、[0.3,0.7]，不满意程度为[0.1,0.3]、[0.1,0.2]、[0.1,0.2]，3 种观点的可信度分别为 0.8、0.6、0.5。

表 5-1　基于可信度的区间值对偶犹豫模糊多因素决策矩阵

	Z_1	Z_2	Z_3	Z_4
C_1	(0.8,[0.4,0.7],[0.1,0.3]) (0.6,[0.5,0.8],[0.1,0.2])	(0.8,[0.2,0.6],[0.2,0.4]) (0.7,[0.3,0.7],[0.1,0.2]) (0.6,[0.1,0.6],[0.1,0.2])	(0.7,[0.4,0.5],[0.2,0.4]) (0.6,[0.1,0.3],[0.3,0.7]) (0.5,[0.2,0.7],[0.1,0.2])	(0.8,[0.4,0.7],[0.1,0.3]) (0.5,[0.2,0.7],[0.1,0.2])
C_2	(0.8,[0.2,0.7],[0.1,0.3]) (0.7,[0.4,0.7],[0.1,0.2])	(0.7,[0.3,0.8],[0.1,0.2]) (0.6,[0.3,0.6],[0.2,0.3])	(0.9,[0.4,0.6],[0.2,0.3]) (0.8,[0.2,0.4],[0.3,0.5]) (0.7,[0.2,0.5],[0.2,0.4])	(0.8,[0.2,0.8],[0.1,0.2]) (0.8,[0.2,0.6],[0.1,0.4]) (0.7,[0.3,0.6],[0.2,0.4])
C_3	(0.7,[0.2,0.5],[0.1,0.4]) (0.6,[0.2,0.4],[0.3,0.6]) (0.5,[0.3,0.5],[0.1,0.2])	(0.7,[0.4,0.8],[0.1,0.2]) (0.7,[0.4,0.6],[0.1,0.3])	(0.9,[0.5,0.9],[0,0.1]) (0.7,[0.2,0.8],[0.1,0.2])	(0.8,[0.1,0.6],[0.1,0.3]) (0.7,[0.2,0.6],[0.2,0.4]) (0.5,[0.3,0.5],[0.2,0.4])

2. 计算过程

第一步，专家对 C_1、C_2 和 C_3 3 个备选方案的 4 个影响因素——交通条件(Z_1)、人口密集度分布(Z_2)、租金费用(Z_3)和布局规划(Z_4)——进行评分，得到具有可信度的区间值对偶犹豫模糊集矩阵 $\boldsymbol{D}_t=(\widetilde{Z}_{it})_{m\times n}$，如表 5-1 所示。根据企业对备选方案不同指标的合理期望，给出方案的偏好值 $\widehat{Z}'_1$、$\widehat{Z}'_2$、$\widehat{Z}'_3$、$\widehat{Z}'_4$：

$$\widehat{Z}_1=\{(0.9,[0.3,0.7],[0.1,0.2]),(0.7,[0.3,0.5],[0.1,0.3])\}$$

$$\widehat{Z}_2=\begin{Bmatrix}(0.8,[0.2,0.6],[0.2,0.3]),(0.7,[0.4,0.5],[0.2,0.4]),\\(0.6,[0.2,0.6],[0.1,0.4])\end{Bmatrix}$$

$$\widehat{Z}_3=\{(0.9,[0.2,0.8],[0.1,0.2]),(0.6,[0.4,0.7],[0.1,0.2])\}$$

$$\widehat{Z}_4=\left\{\begin{matrix}(0.8,[0.3,0.7],[0.1,0.2]),(0.6,[0.4,0.6],[0.2,0.4]),\\(0.6,[0.3,0.8],[0.1,0.2])\end{matrix}\right\}$$

第二步,在考虑可信度的情况下,计算出因素权重向量。

① 使用式(5-7)计算出关联度。

$$C_{\varsigma}^{1}(Z_{n1},\widehat{Z}_1)=\frac{1}{2}\cdot\frac{1}{n}\sum_{i=1}^{n}\frac{1}{l_i}\sum_{j=1}^{l_i}\left[\varsigma_{n1}^{\tau(l)}\widehat{\varsigma}_{1}^{\tau(l)}\begin{pmatrix}\alpha_{1n\tau(l)}^{L}(x_i)\widetilde{\alpha}_{1\tau(l)}^{L}(x_i)+\alpha_{n1\tau(l)}^{U}(x_i)\widetilde{\alpha}_{1\tau(l)}^{U}(x_i)+\\\beta_{n1\tau(l)}^{L}(x_i)\widetilde{\beta}_{1\tau(l)}^{L}(x_i)+\beta_{n1\tau(l)}^{U}(x_i)\widetilde{\beta}_{1\tau(l)}^{U}(x_i)\end{pmatrix}\right]\times$$

$$\max\left\{\begin{matrix}\frac{1}{2}\cdot\frac{1}{n}\sum_{i=1}^{n}\frac{1}{l_i}\sum_{j=1}^{l_i}\left[(\varsigma_{n1}^{\tau(l)})^2\begin{pmatrix}(\alpha_{n1\tau(l)}^{L}(x_i))^2+(\alpha_{n1\tau(l)}^{U}(x_i))^2+\\(\beta_{n1\tau(l)}^{L}(x_i))^2+(\beta_{n1\tau(l)}^{U}(x_i))^2\end{pmatrix}\right],\\\frac{1}{2}\sum_{j=1}^{l_i}\left[(\widehat{\varsigma}_{1}^{\tau(l)})^2\begin{pmatrix}(\widetilde{\alpha}_{1\tau(l)}^{L}(x_i))^2+(\widetilde{\alpha}_{\tau(l)}^{U}(x_i))^2+\\(\widetilde{\beta}_{1\tau(l)}^{L}(x_i))^2+(\widetilde{\beta}_{1\tau(l)}^{U}(x_i))^2\end{pmatrix}\right]\end{matrix}\right\}^{-1}=$$

$$\frac{1}{2}\times\frac{1}{3}\left\{\begin{matrix}\left[\begin{matrix}\frac{1}{2}(0.8\times0.9\times(0.4\times0.3+0.7\times0.7+0.1\times0.1+0.3\times0.2))+\\(0.6\times0.7\times(0.5\times0.3+0.8\times0.5+0.1\times0.1+0.2\times0.3))\end{matrix}\right]+\\\left[\begin{matrix}\frac{1}{2}(0.8\times0.9\times(0.2\times0.3+0.7\times0.7+0.1\times0.1+0.3\times0.2))+\\(0.7\times0.7\times(0.4\times0.3+0.7\times0.5+0.1\times0.1+0.2\times0.3))\end{matrix}\right]+\\\left[\begin{matrix}\frac{1}{3}(0.7\times0.9\times(0.2\times0.3+0.5\times0.7+0.1\times0.1+0.4\times0.2))+\\(0.6\times0.7\times(0.2\times0.3+0.4\times0.5+0.3\times0.1+0.6\times0.3))+\\(0.5\times0.7\times(0.3\times0.3+0.5\times0.5+0.1\times0.1+0.2\times0.3))\end{matrix}\right]\end{matrix}\right\}\times$$

$$\max\left\{\begin{matrix}\frac{1}{2}\cdot\frac{1}{3}\left[\begin{matrix}\left[\frac{1}{2}\begin{pmatrix}0.8^2\times(0.4^2+0.7^2+0.1^2+0.3^2)+\\0.6^2\times(0.5^2+0.8^2+0.1^2+0.2^2)\end{pmatrix}\right]+\\\left[\frac{1}{2}\begin{pmatrix}0.8^2\times(0.2^2+0.7^2+0.1^2+0.3^2)+\\0.7^2\times(0.4^2+0.7^2+0.1^2+0.2^2)\end{pmatrix}\right]+\\\left[\frac{1}{3}\begin{pmatrix}0.7^2\times(0.2^2+0.5^2+0.1^2+0.4^2)+\\0.6^2\times(0.2^2+0.4^2+0.3^2+0.6^2)+\\0.5^2\times(0.3^2+0.5^2+0.1^2+0.2^2)\end{pmatrix}\right]\end{matrix}\right],\\\frac{1}{2}\left[\frac{1}{2}\begin{pmatrix}0.9^2\times(0.3^2+0.7^2+0.1^2+0.2^2)+\\0.7^2\times(0.3^2+0.5^2+0.1^2+0.3^2)\end{pmatrix}\right]\end{matrix}\right\}^{-1}$$

$$\approx0.87164$$

按照 $C_{\varsigma}^{1}(Z_{n1},\widehat{Z}_1)$ 的计算方法,带入数据依次求解,得出

$$C_{\varsigma}^{1}(Z_{n2},\widehat{Z}_{2})\approx 0.870\ 30$$

$$C_{\varsigma}^{1}(Z_{n3},\widehat{Z}_{3})\approx 0.825\ 88$$

$$C_{\varsigma}^{1}(Z_{n4},\widehat{Z}_{4})\approx 0.919\ 78$$

② 根据公式 $w_t=\dfrac{\sum_{i=1}^{n}C_l^1(Z_{it},\widehat{Z}_i)}{\sum_{t=1}^{m}\sum_{i=1}^{n}C_l^1(Z_{it},\widehat{Z}_i)}, t=1,2,\cdots,n$，有

$$\begin{aligned}w_1&=\frac{C_{\varsigma}^{1}(Z_{n1},\widehat{Z}_{1})}{C_{\varsigma}^{1}(Z_{n1},\widehat{Z}_{1})+C_{\varsigma}^{1}(Z_{n2},\widehat{Z}_{2})+C_{\varsigma}^{1}(Z_{n3},\widehat{Z}_{3})+C_{\varsigma}^{1}(Z_{n4},\widehat{Z}_{4})}\\&=\frac{0.871\ 64}{0.871\ 64+0.870\ 30+0.825\ 88+0.919\ 78}\\&=0.249\ 93\end{aligned}$$

同理可得 $w_2=0.249\ 53, w_3=0.236\ 80, w_4=0.263\ 72$。即：

$$\boldsymbol{w}=(0.249\ 93,0.249\ 54,0.236\ 80,0.263\ 73)^{\mathrm{T}}$$

第三步，根据可信度诱导区间值对偶犹豫模糊加权平均算子公式(5-6)，求出前置仓的 3 个候选地址的因素指标值 C_i'：

$$C_1'(Z_{11})=\left\{\begin{array}{l}w_1D_{11}(\varsigma_{\tau(l)})\begin{bmatrix}[D_{11}(\tilde{\alpha}_{\tau(2)}^{\mathrm{L}}(x_i))]^2+[D_{11}(\tilde{\alpha}_{\tau(2)}^{\mathrm{U}}(x_i))]^2+\\ [D_{11}(\tilde{\beta}_{\tau(2)}^{\mathrm{L}}(x_i))]^2+[D_{11}(\tilde{\beta}_{\tau(2)}^{\mathrm{U}}(x_i))]^2\end{bmatrix}^{\frac{1}{2}}+\\ w_2D_{12}(\varsigma_{\tau(2)})\begin{bmatrix}[D_{12}(\tilde{\alpha}_{\tau(3)}^{\mathrm{L}}(x_i))]^2+[D_{12}(\tilde{\alpha}_{\tau(3)}^{\mathrm{U}}(x_i))]^2+\\ [D_{12}(\tilde{\beta}_{\tau(3)}^{\mathrm{L}}(x_i))]^2+[D_{12}(\tilde{\beta}_{\tau(3)}^{\mathrm{U}}(x_i))]^2\end{bmatrix}^{\frac{1}{2}}+\\ w_3D_{13}(\varsigma_{\tau(3)})\begin{bmatrix}[D_{13}(\tilde{\alpha}_{\tau(3)}^{\mathrm{L}}(x_i))]^2+[D_{13}(\tilde{\alpha}_{\tau(3)}^{\mathrm{U}}(x_i))]^2+\\ [D_{13}(\tilde{\beta}_{\tau(3)}^{\mathrm{L}}(x_i))]^2+[D_{13}(\tilde{\beta}_{\tau(3)}^{\mathrm{U}}(x_i))]^2\end{bmatrix}^{\frac{1}{2}}+\\ w_4D_{14}(\varsigma_{\tau(2)})\begin{bmatrix}[D_{14}(\tilde{\alpha}_{\tau(2)}^{\mathrm{L}}(x_i))]^2+[D_{14}(\tilde{\alpha}_{\tau(2)}^{\mathrm{U}}(x_i))]^2+\\ [D_{14}(\tilde{\beta}_{\tau(2)}^{\mathrm{L}}(x_i))]^2+[D_{14}(\tilde{\beta}_{\tau(2)}^{\mathrm{U}}(x_i))]^2\end{bmatrix}^{\frac{1}{2}}\end{array}\right\}=$$

$$\left\{\begin{array}{l}0.249\ 93\times 0.8\times\sqrt{0.4^2+0.7^2+0.1^2+0.3^2}+\\ 0.249\ 54\times 0.8\times\sqrt{0.2^2+0.6^2+0.2^2+0.4^2}+\\ 0.236\ 80\times 0.7\times\sqrt{0.4^2+0.5^2+0.2^2+0.4^2}+\\ 0.263\ 72\times 0.8\times\sqrt{0.4^2+0.7^2+0.1^2+0.3^2}\end{array}\right\}=0.633\ 97$$

依次把专家评价值带入公式(5-6)得出

$$C'_1(Z_{12})\approx 0.557\,68,C'_1(Z_{13})\approx 0.627\,67,\cdots,C'_1(Z_{136})=0.433\,02$$

由于综合因素值集合中元素较多,因此可把综合因素值中的元素按从小到大排列,有

$$C'_1=\left\{\begin{array}{l}0.433\,02,0.460\,01,0.472\,31,0.474\,63,0.490\,62,0.501\,62,0.502\,40,\\0.502\,40,0.513\,93,0.515\,31,0.517\,61,0.518\,39,0.529\,39,0.529\,39,\\0.529\,91,0.541\,69,0.541\,69,0.542\,30,0.545\,38,0.554\,60,0.556\,92,\\0.557\,68,0.572\,91,0.582\,37,0.583\,91,0.584\,69,0.584\,69,0.596\,22,\\0.599\,90,0.600\,68,0.611\,68,0.611\,68,0.612\,20,0.623\,98,0.627\,67,\\0.639\,97\end{array}\right\}$$

$$C'_2=\left\{\begin{array}{l}0.525\,27,0.535\,72,0.537\,60,0.548\,05,0.548\,45,0.556\,70,0.558\,90,\\0.560\,78,0.565\,52,0.569\,02,0.571\,23,0.575\,97,0.577\,84,0.579\,87,\\0.581\,06,0.588\,29,0.588\,69,0.591\,51,0.592\,20,0.593\,39,0.596\,94,\\0.599\,14,0.601\,02,0.603\,84,0.609\,27,0.611\,47,0.612\,49,0.620\,12,\\0.621\,31,0.624\,81,0.631\,76,0.632\,45,0.633\,63,0.644\,08,0.652\,73,\\0.665\,06\end{array}\right\}$$

$$C'_3=\left\{\begin{array}{l}0.454\,10,0.477\,61,0.494\,72,0.496\,96,0.500\,20,0.501\,85,0.518\,23,\\0.520\,47,0.523\,70,0.525\,35,0.532\,94,0.540\,82,0.542\,46,0.543\,06,\\0.544\,71,0.556\,44,0.564\,32,0.565\,97,0.566\,56,0.568\,21,0.573\,55,\\0.575\,79,0.579\,03,0.580\,67,0.597\,05,0.599\,30,0.602\,53,0.604\,18,\\0.619\,65,0.621\,29,0.621\,89,0.623\,54,0.643\,16,0.644\,80,0.645\,40,\\0.64\,704\end{array}\right\}$$

第四步,在求出 3 个候选地址综合因素值的基础上,运用犹豫模糊得分函数计算出前置仓 3 个候选地址的平均得分。

$$s(C_i)=\frac{1}{k}\sum_{j=1}^{k}C'_i(Z_{1j}) \tag{5-16}$$

根据式(5-16),得

$$s(C_1)=\frac{1}{k}\sum_{j=1}^{k}C'_1(Z_{1j})=\frac{1}{k}(C'_1(Z_{11})+C'_1(Z_{12})+\cdots+C'_1(Z_{1k}))$$

$$=\frac{1}{36}\times\begin{pmatrix}0.433\,02+0.460\,01+0.472\,31+0.474\,63+0.490\,62+\\0.501\,62+0.502\,40+0.502\,40+0.513\,93+0.515\,31+\\0.517\,61+0.518\,39+0.529\,39+0.529\,39+0.529\,91+\\0.541\,69+0.541\,69+0.542\,30+0.545\,38+0.554\,60+\\0.556\,92+0.557\,68+0.572\,91+0.582\,37+0.583\,91+\\0.584\,69+0.584\,69+0.596\,22+0.599\,90+0.600\,68+\\0.611\,68+0.611\,68+0.612\,20+0.623\,98+0.627\,67+\\0.639\,97\end{pmatrix}$$

$$\approx 0.549\,0$$

同理可得

$$s(C_2)\approx 0.591\,84,\quad s(C_3)\approx 0.564\,38$$

从得分函数公式可以得出 $s(C_2)>s(C_3)>s(C_1)$。综合考虑交通条件(Z_1)、顾客密集度分布(Z_2)、租金费用(Z_3)和布局规划(Z_4)这些指标与计算结果可以看出,物流中心的最佳选址为 C_2。

5.4 本章小结

本章的主要内容是构建评价前置仓选址的模型,针对新的物流模式,分析了前置仓的特征,对物流选址的原则进行了概述,介绍了指标体系的具体内容。在区间值对偶犹豫模糊集的基础上,阐述了评价前置仓的最佳选址研究方法以及前置仓选址评价模型,并对方法的具体步骤进行了详细的说明。基于可信度的区间值对偶犹豫模糊多因素决策方法考虑了决策者对决策风险的偏好程度和决策者对备选方案的熟悉程度,比现有方法考虑得更全面。最后以 M 企业为背景进行实证研究,对 M 企业进行了简单的描述,对前置仓的 3 个候选地进行了概述。在分析前置仓选址评价指标体系的情况下,采用基于可信度的区间值对偶犹豫模糊数的前置仓选址指标评价模型,对 3 个候选地进行分析求解,得出最佳的候选地点。

第6章　基于后悔理论和群体满意度的对偶犹豫模糊PPP项目风险随机多因素群决策方法

6.1　PPP项目与对偶犹豫模糊理论

如今,随着城市化的进程逐步加快,城市基础设施和公共配套设施不断发展,具有独特优势的PPP(Public-Private-Partnership)模式也在逐渐受到青睐。“公私合作伙伴关系”概念自提出以来便广受关注,PPP是指政府为提供公共产品服务,与私营企业建立长期合作关系的模式,包含BOT、BOOT等多种方式。早在20世纪,为提升基础设施水平、解决公共服务资金匮乏和资金效率低等问题,英国财政大臣肯尼斯·克拉克首次提出了“公私合作”的概念。随着国外PPP项目的成功应用,我国开始了对PPP模式的探索。1985年动工建设的沙角B发电厂是我国首个以BOT模式建造的项目。此后,PPP模式在国内逐渐得到了广泛的应用,PPP项目的研究也逐步得到了国内外学者的青睐。尽管PPP模式在英国等国已实践成功,但是国内对PPP模式的研究尚不成熟。

目前,许多专家学者已经开始研究PPP项目背景下的多因素决策问题。陈斌等运用了定量方法研究PPP项目风险评价问题,运用组合赋权方法首先用AHP计算各个指标层的权重,继而用熵值法修正,在相当大的程度上削减了权重的主观性影响,也克服了单一方法带来的缺陷。何亚伯、徐冰[122]等针对大型轨道交通PPP项目,采用了改进的熵权灰色关联模型,构造了一套科学准确的风险评价模型对项目风险进行了评价分析。李聪等人[123]使用 VIKOR 方法，从决策角度入手，通过选取海外铀资源投资项目从风险评价方面运用 AHP 和 VIKOR 算法对 4 个投资方案进行排序选择。乌云娜等人[124]进一步将模糊理论引入 PPP 项目决策问题，考虑了不确定性和决策者的态度，使用了区间二型模糊数对 PPP 项目风险进行分析。多因素决策问题在 PPP 项目中的应用极大地提高了 PPP 项目的效率以及质量水平。

随机多因素决策涉及因素值为随机变量且不同自然状态的概率可以预估的方案排序问题。但是针对目前的相关理论，PPP 项目背景下的对偶犹豫模糊决策问题的研究较少，而且针对后悔理论的多因素决策问题的研究也较少。有学者研究了犹豫模糊环境下后悔理论在决策问题中的应用，然而，目前还没有针对对偶犹豫模糊集的后悔理论和群体满意度的多因素决策问题的研究，而且模糊多因素决策问题在 PPP 项目中的应用也较少。因此，在同时考虑隶属度与非隶属度的条件下，还需要对该多因素决策问题进行进一步探讨。犹豫模糊元相较于对偶犹豫模糊元缺少决策专家对于方案的不确定犹豫程度，即非隶属度，不能客观地反映决策专家的心理行为。为弥补上述缺陷，本章在考虑决策专家心理满意度的前提下介绍一种基于后悔理论的对偶犹豫模糊多因素决策方法：针对对偶犹豫模糊集提出一种群体满意度，在此基础上，使用优化模型对因素权重进行求解，并依据后悔理论构造后悔欣喜值矩阵，从而求得方案的排序值，并进行排序。最后，将本章所给方法应用到 PPP 项目中说明该方法的可行性。

6.2　对偶犹豫模糊集的群体满意度决策方法

6.2.1　群体满意度

在多因素决策中，群体中不同决策者由于偏好的差异，将会产生不一致的关于因素重要程度的判断，通常会出现由于决策者的偏好差异而产生的冲突[98]。群体满意度的提出恰恰能解决这一问题。群体满意度能够恰当地体现决策者的决策差异，反映决策群体的满意度指数，避免个人评价观点的主观性。

基于 TOPSIS 思想和犹豫模糊集的得分函数，Liao 等人根据方案与正、负理想点之间的曼哈顿距离，定义了一种群体满意度指标[76]。但该公式需要预先选定理想点，这势必增加了群体满意度的主观性，降低了群体满意度的参考价值。刘小弟、朱建军等人[125,126]在犹豫模糊的得分函数和平均偏差函数的基础上提出了犹豫模糊数的群体满意度方法，无需人为地选定正、负理想点，便能降低选择参考点时的主观随机性。该公式的定义如下。

定义 6.1 设 $h(x)=\{\gamma^i\}_{i=1}^{l_h}$ 为定义在 $x\in X$ 上的一个犹豫模糊元，则称

$$\varphi(h)=\frac{s(h)}{1+v(h)}=\frac{s(h)}{1+\frac{1}{l_h}\sum_{i=1}^{l_h}|\gamma^i-s(h)|} \tag{6-1}$$

为决策群体满意度指数。其中，$\gamma^i(i=1,2,\cdots,l_h)$ 表示 $h(x)$ 中第 i 小的元素，$s(h)$ 表示犹豫模糊元 $h(x)$ 的得分函数，$v(h)$ 表示犹豫模糊元 $h(x)$ 的平均偏差函数（用以反映决策群体的分歧程度）。

6.2.2 后悔理论

后悔理论作为一个重要的行为决策理论，最早由 Bell[127]、Loomes 和 Sugden 分别独立提出。他们认为，在决策过程中，决策者的最终决策不仅受到其考虑选择的方案的结果的影响，同时还受到其他方案可能获得的结果的影响。如果决策者发现选择其他方案会得到更好的结果，那么他可能会感到后悔；反之，则会感到欣喜。因此，决策者会避免选择使其后悔的方案，即决策者是后悔规避的。

依据后悔理论，决策者的感知效用函数由当前方案结果的效用和后悔-欣喜函数两部分组成。用 x 和 y 分别表示选择方案 A 和 B 所获得的结果，则决策者对方案 A 的感知效用为

$$u(x,y)=v(x)+R(v(x)-v(y))$$

其中，$v(x)$ 是决策者从方案 A 中获得的效用，$R(v(x)-v(y))$ 为后悔-欣喜值函数，依据已有理论[119,128]可表示为

$$R(\Delta v)=1-\exp(-\alpha\Delta v) \tag{6-2}$$

其中，α 表示决策者的后悔规避系数，$\alpha>0$，且 α 越大，决策者的后悔规避程度越大，Δv 表示两种方案的效用值之差。

在 S_t 状态下，因素 C_j 下，方案 A_i 相对于 A_k 的后悔值为

$$R_{ikj}^t=\begin{cases}1-\exp(-\alpha(v_{ij}^t-v_{kj}^t)), & v_{ij}^t<v_{kj}^t\\0, & v_{ij}^t\geqslant v_{kj}^t\end{cases}\tag{6-3}$$

在 S_t 状态下，因素 C_j 下，方案 A_i 相对于 A_k 的欣喜值为

$$G_{ikj}^t=\begin{cases}1-\exp(-\alpha(v_{ij}^t-v_{kj}^t)), & v_{ij}^t\geqslant v_{kj}^t\\0, & v_{ij}^t<v_{kj}^t\end{cases}\tag{6-4}$$

在 S_t 状态下，因素 C_j 下，方案 A_i 相对于 A_k 的后悔-欣喜值为

$$\Phi_{ikj}^t=R_{ikj}^t+G_{ikj}^t\tag{6-5}$$

6.2.3　对偶犹豫模糊集的群体满意度

群体满意度公式首先求得犹豫模糊元的得分函数，进而利用偏差函数测算群体满意度。该公式不需要预先给定理想点，可在一定程度上避免选择方案的主观性。然而，犹豫模糊元相较于对偶犹豫模糊元缺少决策专家对于方案的不确定程度，即非隶属度，依据犹豫模糊元势必不能完全客观地反映群体满意度的值。因此，为克服上述缺陷，在此引入对偶犹豫模糊集，提出一种新的群体满意度公式。

定义 6.2　设 $d=\{h,g\}$ 为定义在 $x\in X$ 上的一个对偶犹豫模糊元，则其平均偏差函数为

$$v_1(d)=\frac{1}{\#h}\sum_{i=1}^{\#h}\mid\gamma^i-s(d)\mid+\frac{1}{\#g}\sum_{j=1}^{\#g}\mid\eta^j-s(d)\mid\tag{6-6}$$

$$v_2(d)=\frac{1}{\#h}\sum_{i=1}^{\#h}\mid\gamma^i-p(d)\mid+\frac{1}{\#g}\sum_{j=1}^{\#g}\mid\eta^j-p(d)\mid\tag{6-7}$$

其中，$v_1(d)$表示该对偶犹豫模糊元相对于其得分函数的偏差程度，$v_2(d)$表示该对偶犹豫模糊元相对于其精确函数的偏差程度，二者皆用于反映决策的分歧程度；$\gamma^i(i=1,2,\cdots,\#h)$表示 h 中第 i 小的元素；$\eta^j(j=1,2,\cdots,\#g)$表示 g 中第 j 小的元素；$p(d)$，$s(d)$表示该对偶犹豫模糊元的得分函数和精确函数。

定义 6.3　设 $d=\{h,g\}$ 为定义在 $x\in X$ 上的一个对偶犹豫模糊元，则其群体满意度公式为

$$\varphi(d)=\frac{s(d)}{1+v_1(d)}+\frac{p(d)}{1+v_2(d)}\tag{6-8}$$

且满足 $0\leqslant\varphi(d)\leqslant1$。其性质如下：

(1) 若 $d=\{\{\gamma\},\{\varnothing\}\}$,则 $\varphi(d)=\gamma$;若 $d=\{\{\varnothing\},\{\eta\}\}$,则 $\varphi(d)=\eta$;

(2) $v_2(d^c)=v(d)$。

证明:

(1) 若 $d=\{\{\gamma\},\{\varnothing\}\}$,则 $s(d)=\gamma, v(d)=0$,因此 $\varphi(d)=\gamma$。若 $d=\{\{\varnothing\},\{\eta\}\}$,同理。

(2) 因为 $p(d)=p(d^c)$,所以:

$$v_2(d^c)=\frac{1}{\# h}\sum_{i=1}^{\# h}|\gamma^i-p(d^c)|+\frac{1}{\# g}\sum_{j=1}^{\# g}|\eta^j-p(d^c)|$$

$$=\frac{1}{\# h}\sum_{i=1}^{\# h}|\gamma^i-p(d)|+\frac{1}{\# g}\sum_{j=1}^{\# g}|\eta^j-p(d)|=v_2(d)$$

群体满意度指数同时用得分函数 $s(d)$ 和精确函数 $p(d)$ 进行测算,比单独用得分函数更能全面反映决策者信息。

6.2.4 决策中的权重确定和方案排序

1. 因素权重的确定方法

在无任何主观给定权重信息的情况下,只考虑客观情况,需要针对因素值和决策者的偏好进行确定,本节根据决策的群体满意度对权重进行求解。显然,因素值的群体满意度越高,该方案的专家分歧程度越小,方案越优。因此,构建模型如下:

$$(M-1)\begin{cases}\max Z=f_i^t(w)=\sum_{j=1}^{n}\varphi(d_{ij}^t)\times w_j\\ \sum_{j=1}^{n}w_j^2=1,\quad 0\leqslant\omega_j\leqslant 1\end{cases}$$

令 S_t 表示各个可能发生的自然状态,p_t 表示各个状态发生的概率,则上述模型可进一步优化为

$$(M-2)\begin{cases}\max Z'=\max f(\omega)=\sum_{t=1}^{h}\sum_{i=1}^{m}\sum_{j}^{n}\varphi(d_{ij}^t)\times w_j\\ \sum_{j=1}^{n}w_j^2=1,\quad 0\leqslant w_j\leqslant 1\end{cases}$$

为求解该规划模型,构造拉格朗日函数:

$$L(\omega,\lambda) = \sum_{t=1}^{h}\sum_{i=1}^{m}\sum_{j=1}^{n}\varphi(d_{ij}^{t}) \times w_j + \frac{\lambda}{2}(\sum_{j=1}^{n} w_j^2 - 1)$$

令$\partial L/\partial \omega=0, \partial L/\partial \lambda=0$，得

$$w_j = \frac{\sum_{t=1}^{h}\sum_{i=1}^{m}\varphi(d)}{\sqrt{\sum_{j=1}^{n}(\sum_{t=1}^{h}\sum_{i=1}^{m}\varphi(d))^2}}, \quad j = 1,2,\cdots \tag{6-9}$$

规范化得

$$w_j = \frac{\sum_{t=1}^{h}\sum_{i=1}^{m}\varphi(d)}{\sum_{j=1}^{n}\sum_{t=1}^{h}\sum_{i=1}^{m}\varphi(d)}, \quad j = 1,2,\cdots \tag{6-10}$$

2. 确定后悔、欣喜值矩阵及方案的排序

根据式(6-3)和式(6-4)，分别建立后悔值矩阵 $\boldsymbol{R}=[R_{ikj}]_{m\times m}$ 和欣喜值矩阵 $\boldsymbol{G}=[G_{ikj}]_{m\times m}$〔其中效用值按式(6-8)计算〕：

$$R_{ijk} = \sum_{t=1}^{h} p_t R_{ikj}^{t}, \quad i = 1,2,\cdots,m; k = 1,2,\cdots,m \tag{6-11}$$

$$G_{ijk} = \sum_{t=1}^{h} p_t G_{ikj}^{t}, \quad i = 1,2,\cdots,m; k = 1,2,\cdots,m \tag{6-12}$$

其中，$R_{ijk}^{t}(G_{ijk}^{t})$表示在状态 S_t 和因素 C_j 下方案 A_i 对 A_k 的后悔值(欣喜值)，p_t 表示状态的发生的概率。

对后悔值矩阵和欣喜值矩阵进行规范化：

$$\boldsymbol{R}' = \frac{\boldsymbol{R}_{ikj}}{Y} \tag{6-13}$$

$$\boldsymbol{G}' = \frac{\boldsymbol{G}_{ikj}}{Y} \tag{6-14}$$

其中，$Y=\max\{\max_{i,k\in M}\{|R_{ikj}|\}, \max_{i,k\in M}\{|G_{ikj}|\}\}, j=1,2,\cdots,n$。

根据式(6-10)计算出的因素权重，依据加权原则，进一步计算出方案 A_i 相较于其他方案的后悔值与欣喜值，即决策者对于该方案相较于其他方案所能获得的后悔或欣喜程度，公式如下：

$$R(A_i) = \sum_{i=1}^{m}\sum_{j=1}^{n} w_j R_{ikj}, \quad i = 1,2,\cdots,m; k = 1,2,\cdots,m \tag{6-15}$$

$$G(A_i) = \sum_{i=1}^{m}\sum_{j=1}^{n} w_j G_{ikj}, \quad i = 1,2,\cdots,m; k = 1,2,\cdots,m \tag{6-16}$$

其中 $R(A_i)$ 可表示决策者对于方案 A_i 的综合后悔值，显然，$R(A_i)\leqslant 0$，且当 $R(A_i)$ 越大，决策者对于方案 A_i 的后悔程度越低；$G(A_i)\geqslant 0$，$G(A_i)$ 越大，说明决策者对方案的欣喜程度(认同程度)越高。

进一步计算方案 A_i 的排序值：

$$\Phi(A_i)=G(A_i)+R(A_i) \tag{6-17}$$

$\Phi(A_i)$ 越大，表明该方案越优。最后根据排序值对方案进行排序。

6.3　PPP 模式案例决策分析

某政府准备采用 PPP 模式开发生活垃圾焚烧发电项目，项目内容包括处理垃圾发电机组及综合厂房、填埋场等辅助设施。该项目估算总投资为每月 80 821.46 万元，资金来源为项目资本金及项目公司融资。某私营企业有意向参加该 PPP 项目的投标，但政府对该企业仍存在顾虑，所以该市政府欲依据以下因素对其风险进行评价，因素集为 $C=\{C_1,C_2,C_3\}$，其中 C_1 表示运营成本，C_2 表示收益率，C_3 表示资金周转率。另外，未来将面临两种自然状态，每种状态发生的概率为 $p_1=0.6$，$p_2=0.4$。现有 3 个投资方案，邀请专家依据因素集 $C=\{C_1,C_2,C_3\}$ 对该项目的 3 个方案在不同状态下进行评价，获得对偶犹豫模糊多因素决策矩阵如表 6-1和表 6-2 所示。

表 6-1　状态 $S_1(p_1=0.6)$ 下的对偶犹豫模糊随机决策矩阵

方案	C_1	C_2	C_3
A_1	{{0.2,0.4},{0.1,0.3}}	{{0.3,0.5},{0.2,0.4}}	{{0.4,0.6},{0.3}}
A_2	{{0.7},{0.2}}	{{0.2,0.4},{0.2}}	{{0.1,0.3,0.5},{0.2}}
A_3	{{0.4,0.6},{0.1,0.3}}	{{0.8},{0.1}}	{{0.3,0.5},{0.2}}

表 6-2　状态 $S_2(p_2=0.4)$ 下的对偶犹豫模糊决策矩阵

方案	C_1	C_2	C_3
A_1	{{0.1,0.3,0.5},{0.1,0.3}}	{{0.5,0.7},{0.2}}	{{0.2,0.4,0.6},{0.1,0.3}}
A_2	{{0.1,0.7},{0.1,0.3}}	{{0.2,0.4},{0.1}}	{{0.3,0.5},{0.1,0.3}}
A_3	{{0.5,0.6,0.7},{0.1,0.3}}	{{0.2,0.4},{0.2}}	{{0.2,0.3,0.4},{0.2,0.6}}

决策过程如下：

步骤 1　根据式(6-6)、式(6-7)、式(6-8)计算出每个对偶犹豫模糊元的群体满意度，再依据式(6-10)计算因素权重：$\boldsymbol{w}=(0.350\,5,0.350\,5,0.299)$。

步骤 2　基于式(6-3)和式(6-4)计算方案 A_i 相对于 A_k 的后悔值和欣喜值，再根据式(6-11)和式(6-12)计算各个方案的后悔值和欣喜值矩阵(其中 $\alpha=0.3$)：

$$\boldsymbol{R}_1=\begin{pmatrix}0 & -0.088\,2 & -0.074\,8\\ 0 & 0 & -0.024\,8\\ 0 & -0.037\,2 & 0\end{pmatrix},\quad \boldsymbol{R}_2=\begin{pmatrix}0 & 0 & -0.076\,2\\ -0.042\,8 & 0 & -0.097\,2\\ -0.037\,6 & -0.012 & 0\end{pmatrix}$$

$$\boldsymbol{R}_3=\begin{pmatrix}0 & 0 & 0\\ -0.037\,2 & 0 & -0.018\\ -0.03 & -0.012 & 0\end{pmatrix}$$

$$\boldsymbol{G}_1=\begin{pmatrix}0 & 0 & 0\\ 0.079\,8 & 0 & 0.034\,8\\ 0.069\,2 & 0.023\,2 & 0\end{pmatrix},\quad \boldsymbol{G}_2=\begin{pmatrix}0 & 0.041\,2 & 0.034\,4\\ 0 & 0 & 0.012\\ 0.067\,8 & 0.083\,4 & 0\end{pmatrix}$$

$$\boldsymbol{G}_3=\begin{pmatrix}0 & 0.034\,8 & 0.03\\ 0 & 0 & 0.012\\ 0 & 0.018 & 0\end{pmatrix}$$

步骤 3　根据式(6-13)和式(6-14)将上述矩阵规范化，得

$$\boldsymbol{R}_1'=\begin{pmatrix}0 & -0.907 & -0.77\\ 0 & 0 & -0.255\\ 0 & -0.383 & 0\end{pmatrix},\quad \boldsymbol{R}_2'=\begin{pmatrix}0 & 0 & -0.784\\ -0.44 & 0 & 1\\ -0.387 & -0.123 & 0\end{pmatrix}$$

$$\boldsymbol{R}_3'=\begin{pmatrix}0 & 0 & 0\\ -0.383 & 0 & -0.185\\ -0.309 & -0.123 & 0\end{pmatrix}$$

$$\boldsymbol{G}_1'=\begin{pmatrix}0 & 0 & 0\\ 0.812 & 0 & 0.358\\ 0.712 & 0.239 & 0\end{pmatrix},\quad \boldsymbol{G}_2'=\begin{pmatrix}0 & 0.424 & 0.354\\ 0 & 0 & 0.123\\ 0.698 & 0.858 & 0\end{pmatrix}$$

$$\boldsymbol{G}_3'=\begin{pmatrix}0 & 0.358 & 0.309\\ 0 & 0 & 0.123\\ 0 & 0.185 & 0\end{pmatrix}$$

步骤 4　依据公式(6-15)和式(6-16)计算出各个方案相较于其他方案的综合后悔值和综合欣喜值，得

$$R(A_1)=-0.863,\quad R(A_2)=-0.765,\quad R(A_3)=-0.442$$

$$G(A_1)=0.506,\quad G(A_2)=0.496,\quad G(A_3)=0.944$$

步骤 5　依据式(6-17)计算出这 3 个方案的排序值得

$$\Phi(A_1)=-0.357,\quad \Phi(A_2)=-0.269,\quad \Phi(A_3)=0.502$$

最终对方案进行排序如下：

$$A_3 \succ A_2 \succ A_1$$

若仅考虑用犹豫模糊元描述决策者心理，群体满意度和因素权重的计算完全依赖于犹豫模糊元的隶属度，不能反映决策者当时对方案的否定态度。对偶犹豫模糊数不仅可以反映可能隶属度，还同时允许有否定的非隶属度。相比于犹豫模糊集，运用对偶犹豫模糊集可以很好地统筹决策者在不同方面的信息，使决策结果更加贴近决策者心理行为。

6.4　本章小结

本章介绍了对偶犹豫模糊元的群体满意度指数的定义，针对因素值为对偶犹豫模糊集的多因素决策问题，详细说明了一种基于群体满意度和后悔理论的多因素决策方法。主要思路是：针对对偶犹豫模糊集提出一种群体满意度，在此基础上，使用优化模型对因素权重进行求解，依据后悔理论构造后悔值矩阵和欣喜值矩阵，从而求得方案的排序值，并对方案进行排序。该方法的特点是将对偶犹豫模糊元与群体满意度结合起来，考虑决策者的后悔心理，进而得到方案排序结果。该方法在求解群体满意度时不需要考虑正、负理想解，得到的结果避免了选择正、负理想解时的主观性，计算也简单方便。相比于犹豫模糊集，对偶犹豫模糊集的群体满意度更为全面地反映了决策者的心理，更符合决策者面临选择时的犹豫、复杂的心理。

参 考 文 献

[1] YUE Z. TOPSIS-based group decision-making methodology in intuitionistic fuzzy setting [J]. Information Sciences, 2014, 277.

[2] REN Z, XU Z, WANG H. Dual hesitant fuzzy VIKOR method for multi-criteria group decision making based on fuzzy measure and new comparison method [J]. Information Sciences, 2017, 388-389.

[3] 汪培庄,刘海涛. 因素空间与人工智能 [M]. 北京:北京邮电大学出版社,2021.

[4] 冯嘉礼. 思维与智能科学中的性质论 [M]. 北京:原子能出版社,1990.

[5] 汪培庄. 因素空间与因素库 [J]. 辽宁工程技术大学学报(自然科学版),2013,32(10):1297-1304.

[6] 曲国华,曾繁慧,刘增良,等. 因素空间中的背景分布与模糊背景关系 [J]. 模糊系统与数学,2017,31(06):66-73.

[7] 汪培庄. 背景关系与背景集 [R]. 辽宁工程技术大学智能工程与数学研究院,2015.

[8] 吕金辉,刘海涛,郭芳芳,等. 因素空间背景基的信息压缩算法 [J]. 模糊系统与数学,2017,31(06):82-86.

[9] 蒲凌杰,曾繁慧,汪培庄. 因素空间理论下基点分类算法研究 [J]. 智能系统学报,2020,15(03):528-536.

[10] 张铃,张钹. 问题求解理论及应用——商空间粒度理论及应用[M]. 2 版. 北京:清华大学出版社,2007.

[11] 刘增良. 因素神经网络理论 [M]. 北京：北京师范大学出版社，1990.

[12] 何华灿，张金成，周延泉. 命题泛逻辑与柔性神经元 [M]. 北京：北京邮电大学出版社，2021.

[13] 钟义信. 机制主义人工智能理论 [M]. 北京：北京邮电大学出版社，2021.

[14] 汪培庄. 模糊集与随机集落影 [M]. 北京：北京师范大学出版社，1985.

[15] 汪培庄，曾繁慧. 因素空间理论——统一智能的数学基础理论 [M]. 北京：科学出版社，2022.

[16] 曲国华，李春华，张强. 因素空间中属性约简的区分函数 [J]. 智能系统学报，2017，12(06)：889-93.

[17] 张南纶. 随机现象的从属特性及概率特性（Ⅰ）[J]. 武汉建材学院学报，1981，(01)：11-9.

[18] 张南纶. 随机现象的从属特性及概率特性（Ⅱ）[J]. 武汉建材学院学报，1981，(02)：7-14.

[19] 张南纶. 随机现象的从属特性及概率特性（Ⅲ）[J]. 武汉建材学院学报，1981，(03)：9-24.

[20] CHENG Q，WANG T，GUO S，et al. The Logistic Regression from the Viewpoint of the Factor Space Theory [J]. International Journal of Computers Communications & Control，2017，12(4):492-502.

[21] 刘海涛，郭嗣琮，刘增良，等. 因素空间发展评述 [J]. 模糊系统与数学，2017，31(06)：39-58.

[22] 珀尔 J 麦 D. 为什么——关于因果关系的新科学 [M]. 北京：中信出版集团，2019.

[23] 李洪兴. 因素空间理论与知识表示的数学框架（Ⅷ）——变权综合原理 [J]. 模糊系统与数学，1995，(03)：1-9.

[24] 汪培庄，李洪兴. 知识表示的数学理论 [M]. 天津：天津科技出版社，1984.

[25] 李洪兴. 因素空间理论与知识表示的数学框架（Ⅸ）——均衡函数的构造与Weber-Fechner特性 [J]. 模糊系统与数学，1996，(03)：12-7+9+9.

[26] 李洪兴. 因素空间理论与知识表示的数学框架（XI）——因素空间藤的基本概念 [J]. 模糊系统与数学，1997，(01)：3-11.

[27] 刘文奇. 中国公共数据库数据质量控制模型体系及实证 [J]. 中国科学:信息科学，2014，44(07)：836-856.

[28] 余高锋，刘文奇，李登峰. 基于折衷型变权向量的直觉语言决策方法 [J]. 控制与决策，2015，30(12)：2233-2240.

[29] 余高锋，刘文奇，石梦婷. 基于局部变权模型的企业质量信用评估 [J]. 管理科学学报，2015，18(02)：85-94.

[30] 余高锋，李登峰，刘文奇. 考虑决策者心理行为特征的激励型变权决策方法研究 [J]. 系统工程理论与实践，2017，37(05)：1304-1312.

[31] BIN Z，ZESHUI X，MEIMEI X. Dual Hesitant Fuzzy Sets [J]. Journal of Applied Mathematics，2012，2012:879629:1-:13.

[32] JU Y，LIU X，YANG S. Interval-valued dual hesitant fuzzy aggregation operators and their applications to multiple attribute decision making [J]. Journal of Intelligent & Fuzzy Systems，2014，27(3):1203-1218.

[33] JU Y，YANG S，LIU X. Some new dual hesitant fuzzy aggregation operators based on Choquet integral and their applications to multiple attribute decision making [J]. Journal of Intelligent & Fuzzy Systems，2014，27(6):2857-2868.

[34] 吴婉莹，陈华友，周礼刚. 区间值对偶犹豫模糊集的相关系数及其应用 [J]. 计算机工程与应用，2015，51(17)：140-144.

[35] FARHADINIA B. A Novel Method of Ranking Hesitant Fuzzy Values for Multiple Attribute Decision - Making Problems [J]. International Journal of Intelligent Systems，2013，28(8):752-767.

[36] FARHADINIA B. Study on division and subtraction operations for hesitant fuzzy sets，interval-valued hesitant fuzzy sets and typical dual hesitant fuzzy sets [J]. Journal of Intelligent & Fuzzy Systems，2015，28(3):1393-1402.

[37] YE J. Correlation coefficient of dual hesitant fuzzy sets and its application to multiple attribute decision making [J]. Applied Mathematical Modelling，2014，38(2):659-666.

[38] 杨尚洪，鞠彦兵. 基于对偶犹豫模糊语言变量的多属性决策方法 [J]. 运筹

与管理，2015，24(05)：91-96.

[39] 张海东. 基于犹豫模糊环境下的软集与粗糙集理论模型的研究 [D]. 成都：电子科技大学，2017.

[40] 韩晓冰，王艳平，王金英. 对偶犹豫模糊粗糙集 [J]. 辽宁工业大学学报(自然科学版)，2016，36(05)：342-346.

[41] PURBA J H，TJAHYANI D T S，WIDODO S，et al. α-Cut method based importance measure for criticality analysis in fuzzy probability - Based fault tree analysis [J]. Annals of Nuclear Energy，2017，110：234-243.

[42] 米金华，李彦锋，彭卫文，等. 复杂多态系统的区间值模糊贝叶斯网络建模与分析 [J]. 中国科学：物理学、力学、天文学，2018，48(01)：54-66.

[43] HAO Z，XU Z，ZHAO H，et al. Probabilistic dual hesitant fuzzy set and its application in risk evaluation [J]. Knowledge-Based Systems，2017，127：16-28.

[44] LIANG D，XU Z，LIU D. Three-way decisions based on decision-theoretic rough sets with dual hesitant fuzzy information [J]. Information Sciences，2017，396：127-143.

[45] 梁德翠. 模糊环境下基于决策粗糙集的决策方法研究 [D]. 成都：西南交通大学，2014.

[46] 桑妍丽，钱宇华. 多粒度决策粗糙集中的粒度约简方法 [J]. 计算机科学，2017，44(05)：199-205.

[47] 于洪，王国胤，姚一豫. 决策粗糙集理论研究现状与展望 [J]. 计算机学报，2015，38(08)：1628-1639.

[48] HARSANYI J C. Cardinal Welfare，Individualistic Ethics，and Interpersonal Comparisons of Utility [J]. Journal of Political Economy，1955，63(4)：309-321.

[49] BRUCE L G，EDWARD A W，PATRICK T H. The Analytic Hierarchy Process [M]. Berlin：Springer，1989.

[50] YAGER R R. On ordered weighted averaging aggregation operators in multicriteria decisionmaking [J]. IEEE transactions on systems，man，and cybernetics，1988，18(1)：183-190.

[51] CHICLANA F, HERRERA F, HERRERA-VIEDMA E. Integrating multiplicative preference relations in a multipurpose decision-making model based on fuzzy preference relations [J]. Fuzzy Sets and Systems, 2001, 122(2):277-291.

[52] WANG H, ZHAO X, WEI G. Dual hesitant fuzzy aggregation operators in multiple attribute decision making [J]. Journal of Intelligent & Fuzzy Systems, 2014, 26(5):2281-2290.

[53] YANG S, JU Y. Dual hesitant fuzzy linguistic aggregation operators and their applications to multi-attribute decision making [J]. Journal of Intelligent & Fuzzy Systems, 2014, 27(4):1935-1947.

[54] GARG H. Generalized Pythagorean Fuzzy Geometric Aggregation Operators Using Einstein t-Norm and t-Conorm for Multicriteria Decision-Making Process [J]. International Journal of Intelligent Systems, 2017, 32(6):597-630.

[55] WANG W, LIU X. Some operations over atanssov's intuitionistic fuzzy sets based on einstein T-norm and T-conorm[J]. International Journal of Uncertainty, Fuzziness and Knowledge-Based Systems, 2013, 21(2):263-276.

[56] XIA M, XU Z, ZHU B. Some issues on intuitionistic fuzzy aggregation operators based on Archimedean t-conorm and t-norm [J]. Knowledge-Based Systems, 2012, 31:78-88.

[57] ZHAO X, LIN R, WEI G. Hesitant triangular fuzzy information aggregation based on Einstein operations and their application to multiple attribute decision making [J]. Expert Systems With Applications, 2014, 41(4):1086-1094.

[58] 聂东明. 基于阿基米德范数的广义直觉模糊 Bonferroni 平均及其多属性决策方法 [J]. 运筹与管理, 2016, 25(03): 151-158.

[59] WANG L, SHEN Q, ZHU L. Dual hesitant fuzzy power aggregation operators based on Archimedean t-conorm and t-norm and their application to multiple attribute group decision making [J]. Applied Soft Computing,

2016，38:23-50.

[60] ZHAO H，XU Z，LIU S. Dual hesitant fuzzy information aggregation with Einstein t-conorm and t-norm [J]. Journal of Systems Science and Systems Engineering，2017，26(2):240-264.

[61] YU D，LI D-F，MERIGó J M. Dual hesitant fuzzy group decision making method and its application to supplier selection [J]. International Journal of Machine Learning and Cybernetics，2016，7(5):819-830.

[62] YU D. Intuitionistic fuzzy geometric Heronian mean aggregation operators [J]. Applied Soft Computing Journal，2013，13(2):1235-1246.

[63] 王金山，杨宗华. 基于对偶犹豫不确定语言变量的 TOPSIS 方法 [J]. 兵工自动化，2018，37(01)：31-33.

[64] 赵娜，徐泽水. 基于双重犹豫语言偏好关系的群决策方法(英文) [J]. Journal of Southeast University(English Edition)，2016，32(02)：240-9.

[65] 李丽颖，苏变萍. 基于区间值对偶犹豫模糊集的多属性决策方法 [J]. 模糊系统与数学，2017，31(05)：95-100.

[66] 吴婉莹，金飞飞，郭甦，等. 对偶犹豫模糊集的相关系数及其应用 [J]. 计算机工程与应用，2015，51(15)：38-42+61.

[67] YANG S，JU Y. A GRA method for investment alternative selection under dual hesitant fuzzy environment with incomplete weight information [J]. Journal of Intelligent & Fuzzy Systems，2015，28(4):1533-1543.

[68] Xu Z S. Hesitant Fuzzy Sets Theory [M]. Berlin：Springer，2014.

[69] 徐泽水. 直觉模糊信息集成理论及应用 [M]. 北京：科学出版社，2008.

[70] 李登峰. 直觉模糊集决策与对策分析方法 [M]. 北京：国防工业出版社，2012.

[71] TORRA V. Hesitant fuzzy sets [J]. International Journal of Intelligent Systems，2010，25(6):529-539.

[72] CHEN N，XU Z，XIA M. Correlation coefficients of hesitant fuzzy sets and their applications to clustering analysis [J]. Applied Mathematical Modelling，2013，37(4):2197-2211.

[73] SZMIDT E，KACPRZYK J. Distances between intuitionistic fuzzy sets

[J]. Fuzzy Sets and Systems, 2000, 114(3):505-518.

[74] SZMIDT E, KACPRZYK J. Using intuitionistic fuzzy sets in group decision making [J]. Control and Cybernetics, 2002, 31: 1055-1057.

[75] CHEN N, XU Z, XIA M. Interval-valued hesitant preference relations and their applications to group decision making [J]. Knowledge-Based Systems, 2013, 37:528-540.

[76] LIAO H, XU Z, ZENG X-J. Hesitant Fuzzy Linguistic VIKOR Method and Its Application in Qualitative Multiple Criteria Decision Making [J]. IEEE Transactions on Fuzzy Systems, 2015, 23: 1343-1355.

[77] WANG L, NI M, ZHU L. Correlation Measures of Dual Hesitant Fuzzy Sets [J]. J Appl Math, 2013, 2013: 593739:1-:12.

[78] FARHADINIA B. Study on division and subtraction operations for hesitant fuzzy sets, interval-valued hesitant fuzzy sets and typical dual hesitant fuzzy sets [J]. J Intell Fuzzy Syst, 2015, 28: 1393-1402.

[79] 王金英，韩晓冰. 区间值对偶犹豫模糊集的距离测度及其在多属性决策中的应用 [J]. 辽宁工业大学学报(自然科学版)，2015，35(06)：359-364.

[80] 关欣，孙贵东，衣晓，等. 累积量测序列的区间云变换及识别 [J]. 控制与决策，2015，30(08)：1345-1355.

[81] SINGH P. A new method for solving dual hesitant fuzzy assignment problems with restrictions based on similarity measure [J]. Appl Soft Comput, 2014, 24: 559-571.

[82] SINGH P. Distance and similarity measures for multiple-attribute decision making with dual hesitant fuzzy sets [J]. Computational and Applied Mathematics, 2017, 36(1):111-126.

[83] 曲国华，张汉鹏，刘增良，等. 基于直觉模糊 λ-Shapley Choquet 积分算子 TOPSIS 的多属性群决策方法 [J]. 系统工程理论与实践，2016，36(03)：726-742.

[84] SU Z, XU Z, LIU H, et al. Distance and similarity measures for dual hesitant fuzzy sets and their applications in pattern recognition [J]. Journal of Intelligent & Fuzzy Systems, 2015, 29(2).

[85] 耿艳萍，郭小英，王华夏，等. 基于小波图像融合算法和改进 FCM 聚类的 MR 脑部图像分割算法 [J]. 计算机科学，2017，44(12)：260-265.

[86] 于春海，樊治平. 基于二元语义信息处理的最大树聚类方法 [J]. 系统工程与电子技术，2006，(10)：1519-1522.

[87] 刘小弟，朱建军，张世涛，等. 犹豫模糊动态灰靶决策方法 [J]. 系统科学与数学，2019，39(08)：1264-1275.

[88] 郭均鹏，陈颖，李汶华. 一般分布区间型符号数据的 K 均值聚类方法 [J]. 管理科学学报，2013，16(03)：21-28.

[89] XU Z，XIA M. On distance and correlation measures of hesitant fuzzy information [J]. International journal of intelligent systems，2011，26(5)：410-425.

[90] 陈秀明，刘业政. 多粒度犹豫模糊语言信息下的群推荐方法 [J]. 系统工程理论与实践，2016，36(08)：2078-2085.

[91] QU G，QU W，ZHANG Z，et al. Choquet integral correlation coefficient of intuitionistic fuzzy sets and its applications [J]. Journal of Intelligent & Fuzzy Systems，2017，33(1)：543-553.

[92] 林松，刘小弟，朱建军，等. 基于改进符号距离的权重未知犹豫模糊决策方法 [J]. 控制与决策，2018，33(01)：186-192.

[93] 张世涛，朱建军，刘小弟. 共识满意度驱动的异质群体共识度测算方法 [J]. 系统工程理论与实践，2015，35(11)：2898-2908.

[94] XU Y，RUI D，WANG H. Dual hesitant fuzzy interaction operators and their application to group decision making [J]. Journal of Industrial and Production Engineering，2015，32：273-290.

[95] QU G，QU W，LI C. Some new interval-valued dual hesitant fuzzy Choquet integral aggregation operators and their applications [J]. J Intell Fuzzy Syst，2017，34：245-266.

[96] QU G，ZHANG H，QU W，et al. Induced generalized dual hesitant fuzzy Shapley hybrid operators and their application in multi-attributes decision making [J]. J Intell Fuzzy Syst，2016，31：633-650.

[97] QU G，LI Y，QU W，et al. Some new Shapley dual hesitant fuzzy

Choquet aggregation operators and their applications to multiple attribute group decision making-based TOPSIS [J]. J Intell Fuzzy Syst，2017，33：2463-2483.

[98] QU G，WANG Y，QU W，et al. Some new generalized dual hesitant fuzzy generalized Choquet integral operators based on Shapley fuzzy measures [J]. J Intell Fuzzy Syst，2018，35：5477-5493.

[99] REN Z，WEI C. A multi-attribute decision-making method with prioritization relationship and dual hesitant fuzzy decision information [J]. International Journal of Machine Learning and Cybernetics，2017，8：755-763.

[100] 谭春桥，贾媛. 基于证据理论和前景理论的犹豫-直觉模糊语言多准则决策方法 [J]. 控制与决策，2017，32(2)：7.

[101] 卫贵武. 基于依赖型算子的不确定语言多属性群决策法 [J]. 系统工程与电子技术，2010，(4)：6.

[102] QU G，ZHOU H，QU W，et al. Shapley interval-valued dual hesitant fuzzy Choquet integral aggregation operators in multiple attribute decision making [J]. J Intell Fuzzy Syst，2017，34：1827-1845.

[103] TYAGI S K. Correlation coefficient of dual hesitant fuzzy sets and its applications [J]. Applied Mathematical Modelling，2015，39：7082-7092.

[104] ZANG Y，SUN W，HAN S. Grey relational projection method for multiple attribute decision making with interval-valued dual hesitant fuzzy information [J]. J Intell Fuzzy Syst，2017，33：1053-1066.

[105] 李梅. 基于决策者偏好视角的直觉模糊多属性决策方法研究 [D]. 哈尔滨：哈尔滨工业大学，2016.

[106] 徐泽水. 不确定多属性决策方法及应用 [M]. 北京：清华大学出版社，2004.

[107] 岳超源. 决策理论与方法 [M]. 北京：科学出版社，2003.

[108] 徐玖平，吴巍. 多属性决策的理论与方法[M]. 北京：清华大学出版社，2006.

[109] WANG C，LI Q，ZHOU X. Multiple Attribute Decision Making Based on Generalized Aggregation Operators under Dual Hesitant Fuzzy

Environment [J]. J Appl Math, 2014, 2014: 254271:1-:12.

[110] MENG F, CHEN X-H. Correlation Coefficients of Hesitant Fuzzy Sets and Their Application Based on Fuzzy Measures [J]. Cognitive Computation, 2015, 7: 445-463.

[111] MENG F, CHEN X-H, ZHANG Q. Multi-attribute decision analysis under a linguistic hesitant fuzzy environment [J]. Inf Sci, 2014, 267: 287-305.

[112] MENG F, ZHANG Q, CHENG H. Approaches to multiple-criteria group decision making based on interval-valued intuitionistic fuzzy Choquet integral with respect to the generalized λ-Shapley index [J]. Knowl Based Syst, 2013, 37: 237-249.

[113] MARICHAL J-L. An axiomatic approach of the discrete Choquet integral as a tool to aggregate interacting criteria [J]. IEEE Trans Fuzzy Syst, 2000, 8: 800-807.

[114] ZHANG X, XU Z, YU X. Shapley value and Choquet integral-based operators for aggregating correlated intuitionistic fuzzy information [J]. Information An International Interdisciplinary Journal, 2011, 6(6): 1847-1857.

[115] 谭春桥，陈晓红. 基于直觉模糊值 Sugeno 积分算子的多属性群决策 [J]. 北京理工大学学报，2009，29(1)：5.

[116] QU G, AN Q, QU W, et al. Multiple attribute decision making based on bidirectional projection measures of dual hesitant fuzzy set [J]. J Intell Fuzzy Syst, 2019, 37: 7087-7102.

[117] QU G, LI T, QU W, et al. Algorithms for regret theory and group satisfaction degree under interval-valued dual hesitant fuzzy sets in stochastic multiple attribute decision making method [J]. J Intell Fuzzy Syst, 2019, 37: 3639-3653.

[118] QU G, XUE R, LI T, et al. A Stochastic Multi-Attribute Method for Measuring Sustainability Performance of a Supplier Based on a Triple Bottom Line Approach in a Dual Hesitant Fuzzy Linguistic Environment

[J]. International Journal of Environmental Research and Public Health, 2020, 17.

[119] TVERSKY A, KAHNEMAN D. Advances in prospect theory: Cumulative representation of uncertainty [J]. Journal of Risk and Uncertainty, 1992, 5: 297-323.

[120] 宁涛，王旭坪，胡祥培. 前景理论下的末端物流干扰管理方法研究 [J]. 系统工程理论与实践，2019，39(3)：9.

[121] 王根霞，张海蛟，王祖和. 基于风险偏好信息的建筑施工现场安全评价指标权重 [J]. 系统工程理论与实践，2015，35(11)：2866-2873.

[122] 何亚伯，徐冰，常秀峰. 基于改进熵权灰色关联模型的城市轨道交通 PPP 项目风险评价 [J]. 项目管理技术，2016，14(03)：112-117.

[123] 李聪，陈建宏. 基于 VIKOR 法的铀资源海外投资项目风险评价研究 [J]. 黄金科学技术，2014，22(06)：60-64.

[124] 乌云娜，孙肖坤，芦智明，等. 基于区间二型模糊 AHP-VIKOR 的风电建设项目投资风险决策模型研究 [J]. 科技管理研究，2019，39(04)：236-245.

[125] 刘小弟，朱建军，刘思峰. 犹豫模糊信息下的双向投影决策方法 [J]. 系统工程理论与实践，2014，34(10)：2637-2644.

[126] 刘小弟，朱建军，张世涛. 考虑可信度和方案偏好的犹豫模糊决策方法 [J]. 系统工程与电子技术，2014，36(07)：1368-1373.

[127] BELL D E. Regret in Decision Making under Uncertainty [J]. Oper Res, 1982, 30: 961-981.

[128] KAHNEMAN D, TVERSKY A. Prospect theory: An analysis of decision under risk [C] // The Econometric Society. Econometrica. Lausanne: The Econometric Society, 1979, 47(2): 263-292.